「半導体」のことが一冊でまるごとわかる
井上伸雄
Nobuo Inoue
蔵本貴文
Takafumi Kuramoto
著
ベレ出版

はじめに

「半導体を学ぶ近道は、その歴史を学ぶこと」今の私はこう確信しています。

私はライターでありますが、半導体業界の一線で、エンジニアとしても働いています。だから、あるべき半導体の入門書はどうあるべきかをよく考えていました。
しかしながら、それは難しいものでした。なぜならば、現在の半導体業界は技術が非常に高度になり、細分化されているので、全体を見渡すことが困難だからです。

例えば、私の専門は「モデリング」という技術で、トランジスタ等の電気特性をシミュレーター上で再現するためのパラメータ抽出を行なっています。この技術は半導体業界に必要不可欠なものです。しかし一般の方はおろか、新卒時に技術系採用された理工系大学院卒の同期に対してさえも、その専門性の高い技術を説明することは容易ではありません。
こんな高度な個別技術を多数内包する半導体技術を、一冊の本で語る方法なんてあるのだろうか、不可能なのだろうと考えていました。

そんな時に、この本の執筆の話を頂きました。井上伸雄先生がご逝去され、その遺作である本書『「半導体」のことが一冊でまるごとわかる』の原稿を引き継いでほしい、とのことでした。
折しも、この話を頂いたのは2021年で、半導体の供給不足によって、社会全体に大きな影響が出ている時でした。半導体への注目が高まっていたのです。だから、ぜひ半導体技術の全体像が理解できる本を、と考えました。しかし、それは簡単ではありません。

そして、最初に井上先生の原稿の目次を頂いた時、正直にいって、苦笑してしまったことを覚えています。というのも、中身が昔の話ばかりで現代の半導体業界で使える知識とは思えなかったからです。

しかしながら、その原稿を読ませて頂いて、思いが変わりました。なぜなら、その原稿がとても面白かったからです。井上先生は半導体業界の黎明期に詳しく、その当時の人間模様も含めて原稿にされていたのです。

しかも原稿を読んでいてあることに気づきました。現代の半導体業界は総売上高50兆円の一大産業に成長し、世界中の大勢のエンジニアが製造や開発に携わっています。だから、その技術をわかりやすくコンパクトにまとめることは不可能です。

しかし、その黎明期に立ち戻れば、数十人のエンジニアで製造や開発を行なっていた時代があり、その規模であればコンパクトに文脈を理解することも可能であるということです。

そして、詳細に個々の技術の内容を見ていると、CMOSやマイクロプロセッサや半導体メモリの原理など、半世紀ほどの時を超えても変わらない、根本的な技術があることがわかりました。

IT業界はドッグイヤーといわれるほど技術の進歩が速い業界です。その核である半導体技術も、枝葉の部分は目まぐるしく変わっていきます。しかし幹となる根本思想は意外に変わっていないことに気づいたのです。

特に半導体を利用する立場のエンジニア、ビジネス観点で半導体業界を眺めるビジネスマンにとっては、この根本思想を理解するだけで大きく視界が開けるでしょう。

本書は、半導体技術の基礎や歴史を描いた井上先生の原稿をベースに、現在半導体業界の最前線でエンジニアとして働く私が、現代の半導体技術への足掛かりとなれるように編集し、足りない内容を加えていきました。

それぞれの基本的な技術の詳細だけではなく、なぜその技術が必要となったか、その文脈を理解できるように配慮しました。

この本を一冊読んだだけで、現代の半導体技術のすべてを理解するというわけにはいきません。しかしこの本で語る、根本技術の背景や文脈を理解することにより、最新の半導体技術の理解が、はるかに容易になることをお約束します。

それでは、広大な半導体技術の根本を学んでいきましょう。

まず「半導体は何の役に立つのか？」「半導体はどんなものがあるのか？」といった基本的な疑問に対し、短くお答えすることから始めていきます。さあ、序章へ進んでください。

蔵本 貴文

CONTENTS

はじめに……3

序章 半導体の世界

1 半導体は何がすごいのか?……13
2 半導体の種類と役割……15
3 半導体はどのように作られるのか……17
4 半導体が活躍する分野……19

第1章 半導体とはなんだろう

1-1 半導体より前の半導体
—鉱石ラジオからトランジスタまで……22
1-2 半導体とはこのようなもの
—温度や不純物が電気伝導率を上げる……28
1-3 高純度の半導体結晶を作る
—チョクラルスキー法が作るインゴット……32
1-4 半導体の中の電子
—自由電子と正孔が“電気の運び屋”に……35
1-5 半導体にはn型とp型がある
—何をドーピングするかで決まる……42
1-6 p型とn型の半導体を接合したダイオード
—整流器や検波機として活用……46
1-7 ダイヤモンドは半導体か?
—究極の半導体となる可能性もある……50
1-8 化合物半導体もある
—高速トランジスタやLEDが作れる……53

せみこんの窓 原子の構造……57

第2章 トランジスタはこのようにして作られた

2-1 トランジスタを発明した3人の男
—ショックレー、バーディーン、ブラッテンとそれを率いたケリーの功績……60

2-2 トランジスタの動作原理
—ショックレーが発明した接合型トランジスタ……65

2-3 トランジスタの高周波化への取り組み
—拡散技術を使ったメサ型トランジスタの登場……71

2-4 主役はシリコン（Si）トランジスタに
—高温、高電圧でも安定に動作するのが特長……77

2-5 画期的なプレーナ技術
—IC や LSI にも欠かせない技術……83

2-6 今は主役のトランジスタ：MOSFET
—IC・LSI に使われる現在の主役……86

2-7 半導体素子の作り方（1）
—半導体基板に回路パターンを正確に描く技術……94

2-8 半導体素子の作り方（2）
—不純物を拡散してトランジスタを作る……99

せみこんの窓 トンネルダイオードの発明……104

第3章 計算する半導体

3-1 アナログ半導体とデジタル半導体
—計算するのはデジタル半導体……108

3-2 nMOSとpMOSを組み合わせたCMOS
—デジタル処理には欠かせない回路……111

3-3 CMOS回路で計算できる仕組み
—0と1だけで複雑な計算ができる……116

3-4 ICとは、LSIとは
—同じ半導体基板上に電子回路を作る……120

3-5 マイクロプロセッサ：MPU
—日本の電卓メーカーのアイディアで誕生……124

3-6 ムーアの法則
—半導体の微細化はどこまで続くのか?……129

3-7 システムLSIの作り方
—大規模な半導体をどのように設計するか?……133

せみこんの窓 「インテル（Intel）」という会社……138

第4章 記憶する半導体

4-1 いろいろな半導体メモリ
—読み出し専用のROMと書き換えができるRAMがある……142

4-2 半導体メモリの主役：DRAM
—コンピュータの主記憶装置に使われる……147

4-3 DRAMの構造
—MOSFETとキャパシタを同じシリコン基板上に作る……152

4-4 高速で動作するSRAM
—フリップフロップを使ったメモリ……155

4-5 フラッシュメモリの原理
—USBメモリやメモリカードに使われる……159

4-6 フラッシュメモリの構成
—NAND型とNOR型……164

4-7 ユニバーサルメモリへの取り組み
—DRAMやフラッシュの置き換えを狙う次世代メモリ……169

せみこんの窓 クリーンルーム —LSIはゴミが大敵—……173

第5章 光・無線・パワー半導体

5-1 太陽光を電気のエネルギーに変える太陽電池
—太陽電池は電池ではない……176

5-2 発光ダイオード：LED
—電気を直接光に変換するので効率がよい……184

5-3 青色LED
—ノーベル賞を受賞した日本人 3 人が開発の中心……190

5-4 きれいな光を出す半導体レーザー
—CD、DVD、BD のピックアップや光通信に使われる……196

5-5 デジカメの目、イメージセンサー
—カメラの目として使われる……203

5-6 無線用半導体
—ミリ波帯の電波も増幅できる半導体……207

5-7 産業機器を支えるパワー半導体
—高電圧で動作する半導体……212

せみこんの窓 光のエネルギー……217

索 引……219

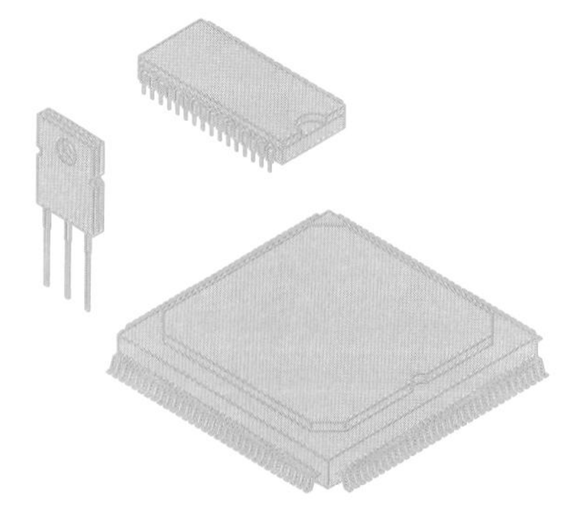

序章

半導体の世界

最初に、半導体の働きは何か？
どんな種類があるのか？
どうやって作られているのか？
どのように使われているのか？
について、ざっと眺めていきます。
本編に入る前の
予備知識として読んでみてください。

半導体の役割

電流・電圧を制御（アナログ半導体）

- 素子単体（ディスクリート半導体）
  - バイポーラ
  - ダイオード
  - FET
  - LED レーザー
  - ⋮ 等
- アナログ IC
  - アンプ
  - AD DA コンバータ
  - 電源 IC
  - 無線 IC
  - イメージセンサー IC
  - ⋮ 等

パワー半導体は
アナログ半導体の中で特に
高電流、高電圧を扱う半導体

FET: Field Effect Transistor
LED: Light Emitting Diode
AD , DA: Analog to Digital , Digital to Analog
ASSP: Application Specific Standard Product
ASIC: Application Specific Integrated Circuit
FPGA: Field Programmable Gate Array
SRAM: Static Random Access Memory
DRAM: Dynamic Random Access Memory

考える機能（デジタル半導体）

- 計算・制御
  - 特定用途
    - ASSP
      画像処理など、
      用途が限定されている
    - ASIC
      FPGA
      顧客ごとの
      カスタム設計 IC
  - 汎用品（多目的）
    マイコン
    （マイクロコンピュータ）

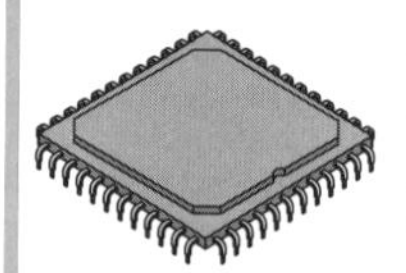

マイコンには
アナログ半導体や
メモリも内蔵されて
いることが多い。

- 記憶（メモリ）
  - 揮発性
    (電源を切ると記録が消去)
    - SRAM
    - DRAM
  - 不揮発性
    （電源を切っても記録は保持）
    - フラッシュメモリ

1　半導体は何がすごいのか？

半導体は身近にあふれています。実際のところ、コンセントを差し込む電気機器、そして電池やバッテリーを持つものにはすべて半導体が使われていると考えて間違いありません。逆にいうと、**半導体無しで電気を利用することはできないとさえいえます。**

現代社会から電気が無くなってしまうと、どれだけ大きな影響があるのか想像がつくでしょう。半導体が無くなると、世の中から電気が無くなるのと同じインパクトがあります。

さて、そんな半導体はどんな働きをしているのでしょうか？

その働きには大きく分けると2つあって、1つは「電流・電圧を制御する」こと、もう1つは「考える」ことです。

● 電流・電圧を制御するアナログ半導体

まず1つ目の、「電流・電圧を制御する」ことから説明します。この半導体はアナログ半導体とも呼ばれます。

そして、アナログ半導体の役割はさらに3つに分けられます。それらは、**スイッチ、変換、増幅**と呼ばれます。

まず、「スイッチ」は電流を流したり止めたりする役割です。小学校の理科の時間に、電池と銅線をつないで豆電球を光らせたことがあると思います。これらをつなげれば光りますが、それでは光りっぱなしです。実際の電気製品では、つけたり消したりを制御する必要があります。アナログ半導体の1つの役割はこのスイッチです。

アナログ半導体の2つ目の役割は「変換」です。

テレビやラジオや携帯電話は、電波から情報を入手していることはご存知でしょう。ここで電波の信号を電子機器の中で扱えるように電

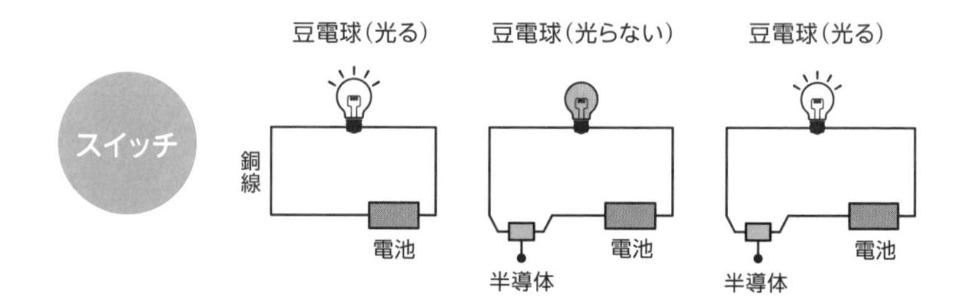

気信号に変換すること、そして電子機器の中の情報を送信する時に電気信号を電波にすることが半導体の役割です。

また、LED（Light Emitting Diode）という半導体を電球に使った「LED電球」をご存知のことでしょう。このLEDという半導体は電気を光に変換する役割があるわけです。

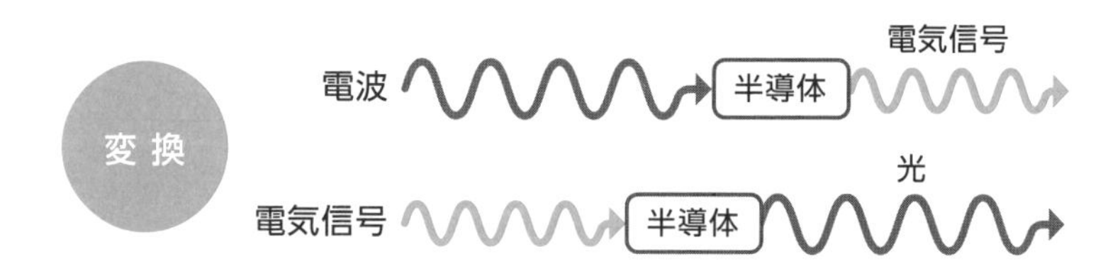

アナログ半導体の3つ目の役割は「増幅」です。

電子機器には温度や圧力などのセンサーが付いているものがあります。センサーは情報を電気信号に変換しますが、その信号は微小ですぐに消えてしまったり、ノイズの影響を受けたりします。ですから、微小信号を大きな信号に増幅させます。この役割を担うのが半導体というわけです。

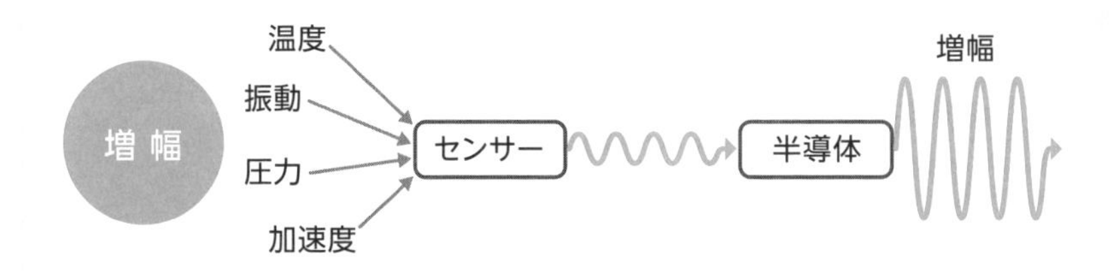

・考えるデジタル半導体

次に「考える」という重要な役割を担う半導体です。これを**デジタル半導体**とも呼びます。

コンピュータは人間の頭脳をサポートしてくれる機械です。例えば、複雑な計算をしたり、たくさんの情報を記録したりします。AI（人工知能）もコンピュータという箱に入った半導体によって動作しています。

この計算することと記憶することが、デジタル半導体の重要な役割です。**CPU**とか**マイコン**とか**プロセッサ**という言葉を聞いたことがあるでしょうか？　これらは半導体の「考える」機能を使った製品です。また「覚える」機能を使った製品はメモリと呼ばれます。

例えば機械を人間に例えるのであれば、半導体は頭脳と神経の役割を果たすことになります。この例えからも、半導体の重要性を理解いただけると思います。

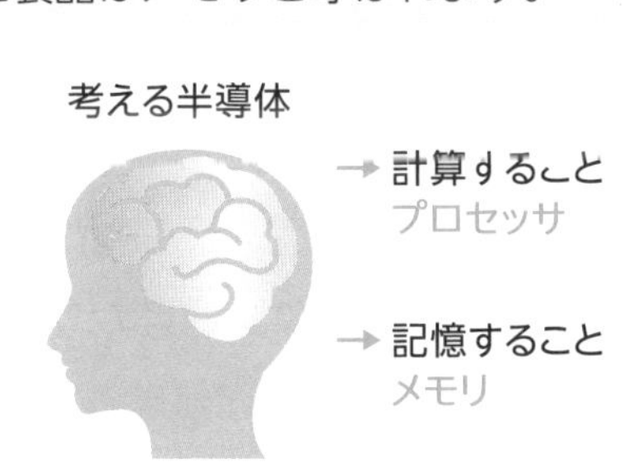

2　半導体の種類と役割

半導体は身近にあふれているので、見つけるのは簡単です。

もしチャンスがあれば、部屋にあるパソコンや家電などの電気製品を、ネジを外して開けてみてください。するとこのように、緑色の板のようなものの上に、黒いものがたくさん載っているのを見ることができるでしょう。この黒いものが半導体です。

これを見ていただいて、半導体の中にも端子（足の部分）が数個と少ないものから、10個程度のもの、そして数十個以上の多いものがあることがわかると思います。

まず、端子が数個という少ないものは、トランジスタやダイオードなどの素子1個を製品にしたもので、**ディスクリート（個片）半導体**と呼ばれます。発光素子**LED**（Light Emitting Diode）なども ここに分類されます。

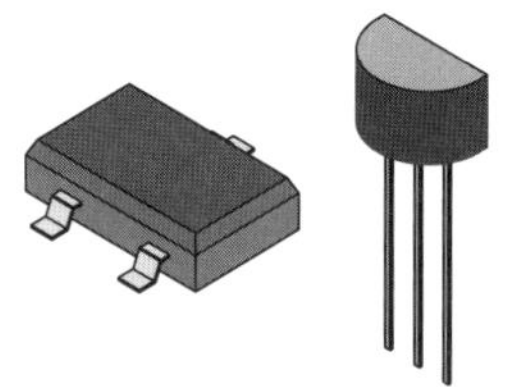
ディスクリート（個片）半導体

次に端子が10個程度のものです。素子をいくつか組み合わせてある機能を持つ電子回路を実現したもので、単機能IC（Integrated Circuit）と呼ばれます。信号の増幅をする**アンプ**、一定の電圧を供給するレギュレータICなどが代表的です。

なおディスクリート半導体や単機能ICは、電流・電圧を制御する目的のアナログ半導体として使われることがほとんどです。

単機能IC

また、**パワー半導体というものも、基本的にはアナログ用途です。**使用する電流や電圧が特に高いため、特別な設計がされているアナログ半導体と認識してください。

そして、数十個以上の多数の端子を持つものは**LSI**（Large Scale Integrated Circuit）と呼ばれます。これは大体1000個以上の素子を集積させた複雑な動作をする回路が1つの半導体で実現されています。

マイクロプロセッサのようなデジタル処理（計算）を行なう半導体は、多数の素子を必要とするためLSIに分類されることがほとんどです。マイクロプロセッサは汎用的で、何の用途にも使えるように設計されています。一方、画像処理や通信用などに特化して、特定用途性能を高めたLSIは**ASSP**（Application Specific Standard Product）と呼ばれます。

また情報を記憶するための半導体を**メモリ**と呼びます。デジタル処理を行なうLSIにはメモリが必須のため、マイクロプロセッサ内にはメモリを混載しているものも多いです。

LSI

3　半導体はどのように作られるのか

ここで今まで説明してきた半導体が、どのように作られるのか簡単に説明します。前項で説明したLSIは次の図のように構成されています。

つまり、**ICチップ**と呼ばれる半導体のコアといえるものを、黒いパッケージで覆っているような構造です。ICチップには端子が出ていて、リードフレームのピンとワイヤーで接続されています。入れ物であるパッケージには、ICチップを水分やゴミから守る働きやプリント基板に実装（貼り付け）しやすくする働きがあります。

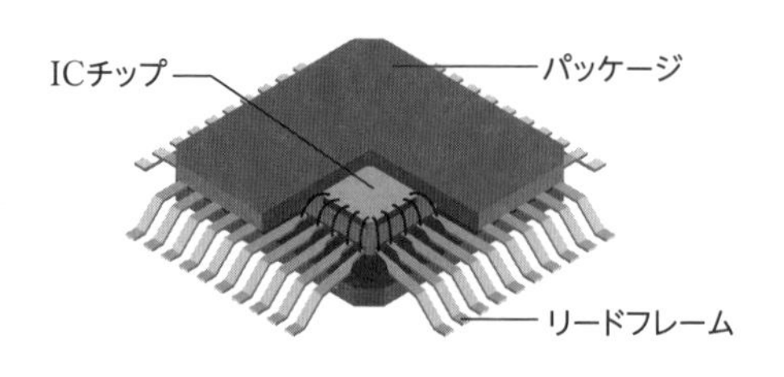

そして、この半導体を作る工程は大きく3つに分けられます。

最初は設計の工程で、これはどんな機能の半導体を作るか、コンピュータ上で設計します。この設計には専用の**EDA**（Electronic Design Automation）と呼ばれるソフトが使われます。このソフトは技術的にとても高度なもので使用料も非常に高価です。

次に前工程と呼ばれる工程に移ります。これは丸い**シリコンウェーハ**と呼ばれる板の上に、設計した回路のパターンを作り込みます。写真の技術を応用した**フォトリソグラフィー**いう技術が用いられており、先端品だと10nm（1mmの10万分の1）という、非常に微小な構造を作製します。半導体の回路パターンは人間が作る構造物の中で、もっとも微細なものといえるでしょう。

最後に後工程と呼ばれる工程です。ここではシリコンウェーハ上の

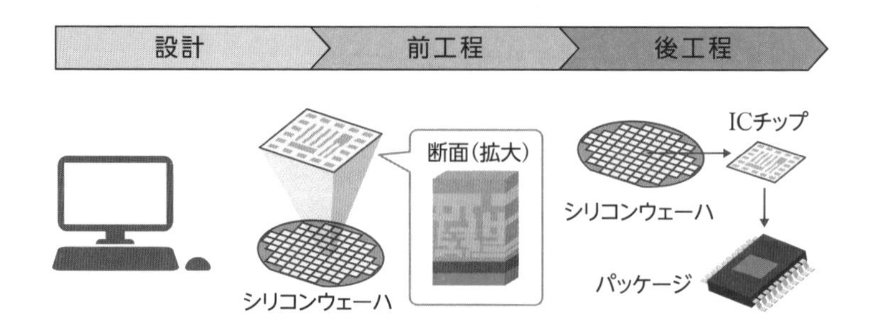

ICチップを切り分けて、**パッケージ**というものに組み立てます。最後に想定した通りに動作するかテストをして、合格すれば商品となります。

4　半導体が活躍する分野

先ほど、半導体は電気があるところには必ず使われている、という話をしました。そのことからもわかるように、半導体は世の中のいたるところで使われています。

まず、コンピュータです。半導体の役割として考えること、計算することという話をしました。パソコンやゲーム機などはまさにその典型例です。これらは半導体を箱で包んだだけだとも考えられるかもしれません。

家電にももちろん半導体が使われています。エアコンの場合はファンやヒーターのスイッチとして使われたり、レンジだったら加熱装置のスイッチとして使われたりします。また家電といっても、タイマーを使ったり、温度情報から出力を制御したりしますので、計算する半導体も使われています。

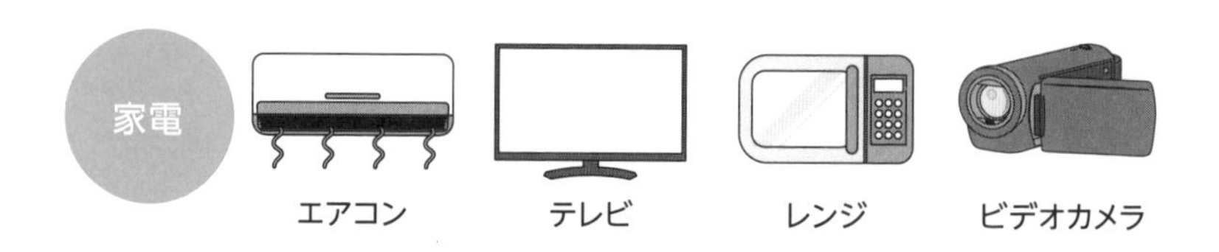

さらに乗り物です。電気自動車はもちろんですが、ガソリン自動車もエンジンは電子制御されているので多くの半導体が使われています。電車や飛行機なども、半導体無しでは成り立ちません。

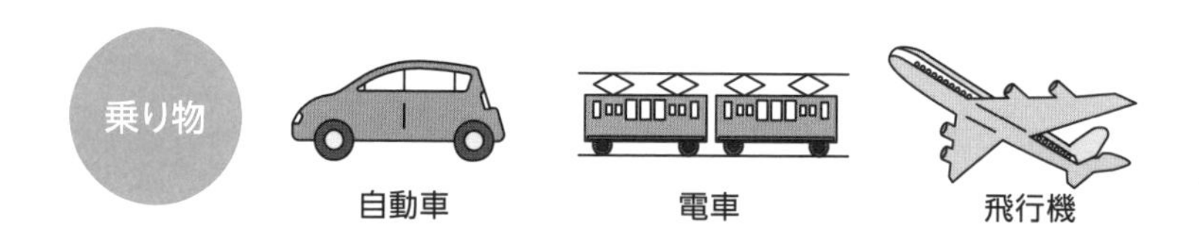

大規模な設備にも半導体は必須です。発電所のような電気を扱う設備、ロボットや工場での生産設備にも多数の半導体が使われています。

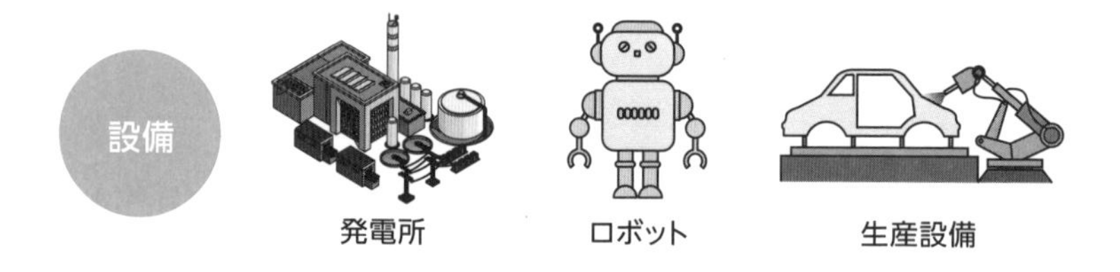

このように並べてみると、あらためて我々の生活は半導体無しでは成り立たないことがわかるでしょう。

第1章

半導体とはなんだろう

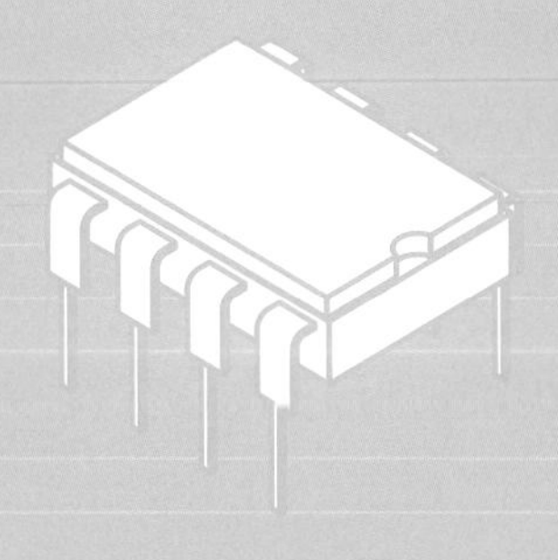

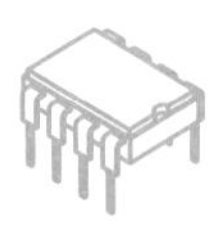

半導体より前の半導体

――鉱石ラジオからトランジスタまで

半導体が本格的に利用されるようになったのは、1947年末にアメリカでトランジスタが発明されてからです。しかし、それ以前にも半導体のようなものが使われていました。その代表が鉱石検波器です。

ラジオ放送が始まって（日本では1925年）、最初の頃はラジオ受信機に鉱石検波器が使われていました。**検波器**とは、電波で送られてきた音声や音楽などの情報信号を電波から取り出すための素子（デバイス）で、天然に存在する鉱石を使っていたので鉱石検波器と呼ばれていました。

図1－1は鉱石検波器の原理を示したもので、方鉛鉱（ほうえんこう）などの特殊な鉱石に金属の針を接触させた構造となっています（同図(a)）。

金属の針から鉱石に向けては電気（電流）が流れやすいが、逆の鉱石から金属の針に向けては電流が流れにくい（同図(b)）、という性質があります。これを**整流特性**と呼び、半導体の特長になります。

この整流特性において、電流が流れやすい方向を**順方向**、電流が流れにくい方向を**逆方向**といいます。

言い換えると、**順方向は電気抵抗が低く、逆方向は抵抗が高いとい**

図 1-1 ● 鉱石検波器

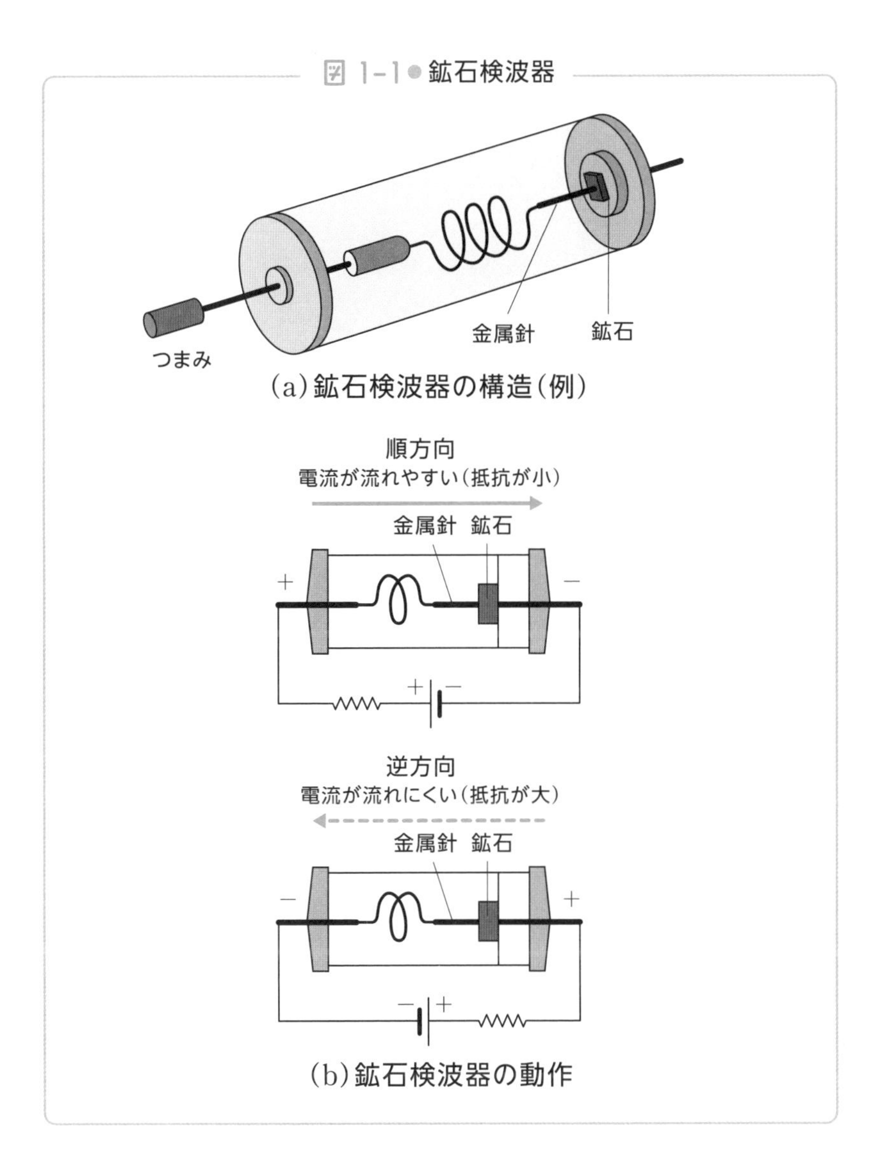

(a)鉱石検波器の構造(例)

(b)鉱石検波器の動作

うことです。理由は後で説明しますが、このような素子は検波器として利用できます。そして、順方向と逆方向とで抵抗の値の比が大きいほど感度の良い鉱石検波器になります。

鉱石検波器は天然の鉱石を使っているので品質が一定ではなく、針を接触させる位置によって感度が変わります。そのため針を動かして感度がもっとも高い最良の位置を探す必要がありますが、簡便で安く、電力も消費しないので初期のラジオにはよく使われました。

そして、当時のラジオ少年は鉱石検波器を使った鉱石ラジオを自作して楽しんでいました。かくいう筆者（井上）も、子どもの頃は鉱石ラジオを作って楽しんだものです。鉱石検波器をうまく調節するとよく放送が聞こえたので感激しました。できるだけ感度よく放送が受けられるように自分なりにいろいろ工夫したものです。

ここで検波器で電波から元の情報信号を取り出せる仕組みを簡単に説明しておきましょう。

図1－2はその原理を示したものです。音声や音楽のような周波数の低い波を電波で送るには、周波数の高い波に変換する必要があります。

この操作を**変調**といいます。図で情報信号の波（同図①）と、搬送波という周波数の高い波（同図②）とを変調器に加えると、同図③のような波になります。これを電波にして送ります（同図④）。

この電波を受信して（同図⑤）検波器に加えると、検波器は変調した波のプラス側しか通さないので、同図⑥のような波が得られます。この波には周波数の低い信号波と周波数の高い搬送波が含まれているので、ローパスフィルター（周波数の低い波のみを通すフィルター）を通してもとの信号波（同図⑦）だけを取り出すことができます。

その後、真空管ラジオが全盛になると鉱石検波器は次第に使われなくなってきましたが、第2次世界大戦で息を吹き返しました。この第2次世界大戦で活躍したのは**レーダー**です。

レーダーは図1－3に示すように、周波数の高い電波のパルスを指

図 1-2 ● 電波で送った信号の受信

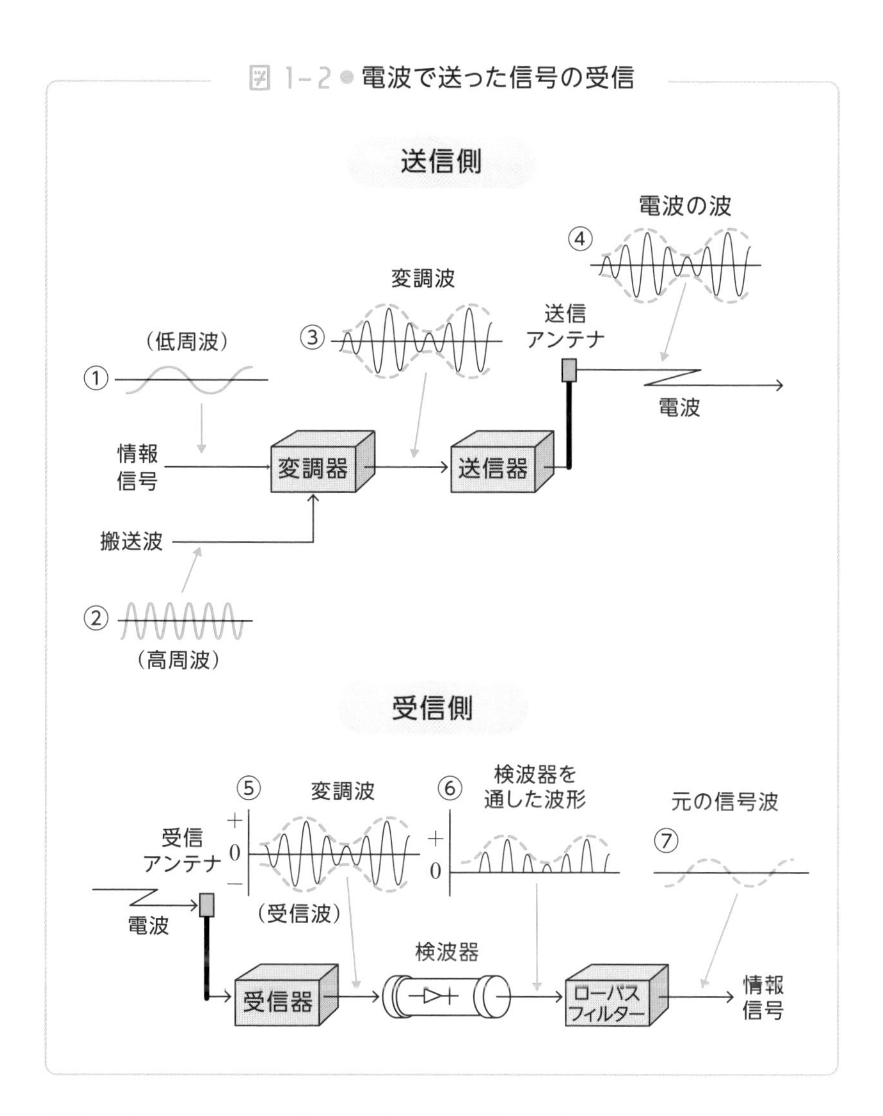

向性の強いアンテナで相手に向けて発射し、相手の物体に当たって反射して戻ってきたのを受信してその時間差から相手までの距離と方向を測るものです。**周波数の高い電波を使うのは、周波数が高いほど細かい物体まで正確に識別できるからです。**

このレーダーには**マイクロ波**という、周波数が3GHz～10GHzくらいの電波を使います。このような周波数の高い電波から信号を検出する検波器として真空管はサイズが大きく、静電容量も大きいので、高周波ではうまく使えません。

そこで再び鉱石検波器の登場です。鉱石検波器なら、針が鉱石と点で接触しているだけなので静電容量が小さく、高周波でも良好に動作します。

ただ前述のように鉱石検波器は動作が不安定なので、そのままでは

図 1-3 ● レーダーの原理

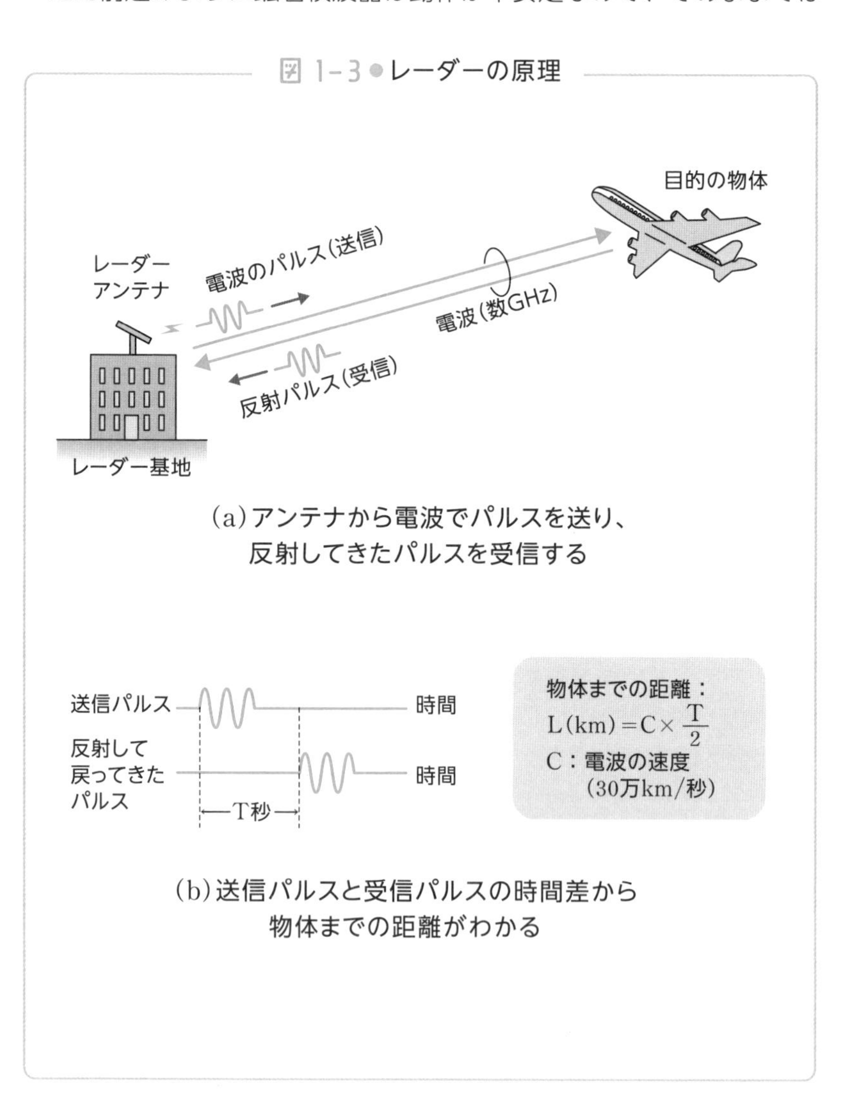

(a)アンテナから電波でパルスを送り、反射してきたパルスを受信する

(b)送信パルスと受信パルスの時間差から物体までの距離がわかる

戦争にはとても使えません。そこで鉱石検波器に代わる新しい性能の良い検波器を作るための研究が欧米で進められ、その結果見出されたのがシリコンの結晶（半導体）と金属のタングステンの針との組み合わせです。

シリコン結晶は人工的に作るので均質な結晶が得られ、鉱石を使った時のように金属針の最良の接触位置を探して調節する必要がありません。

さらに、レーダー用途としてシリコン検波器の研究がさかんに行なわれた結果、シリコン結晶が典型的な半導体であることが明らかになりました。

そうして結晶の純度を高めるための精製技術も進歩し、これが戦後のトランジスタの発明につながったといえます。そして、このような高性能の検波器ができたことで、それまでほとんど利用されていなかったマイクロ波という高周波の電波を利用できるようになり、その技術が戦後民間にも開放されてテレビ放送やマイクロ波通信へとつながりました。

戦争は恐ろしいもので肯定するつもりはありませんが、科学技術の進展に貢献してきたという側面もあるわけです。

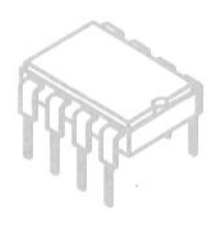

半導体とはこのようなもの

―― 温度や不純物が電気伝導率を上げる

それでは半導体について、もっと詳しく見ていきましょう。

物質を電気的性質で大別すると、電気をよく通す「**導体**」と電気を通さない「**絶縁体**」に分類できます。

導体は電気抵抗が低くて電気が通りやすい金・銀・銅などの金属が相当します。一方、絶縁体は電気抵抗が高くて電気が通りにくいゴム・ガラス・磁器などがあります。

これらの物質を**抵抗率** ρ（ロー：ギリシャ文字）で表わすことを考えます。抵抗率の単位は［Ω・m］で大きければ大きいほど抵抗が大きくなります。

明確な定義はありませんが、図1－4に示すように導体はだいたい10^{-6}Ω・m以下、絶縁体は10^{7}Ω・m以上の物質とされています。

抵抗率の代わりに**電気伝導率**（導電率）σ（シグマ：ギリシャ文字）で表わすこともあります。電気伝導率は抵抗率の逆数（$\sigma = 1/\rho$）で単位は［$\Omega^{-1}\cdot m^{-1}$］です。つまり、抵抗率と逆に、大きければ大きいほど抵抗が小さくなるわけです。

図1-4 ● 導体・半導体・絶縁体の分類

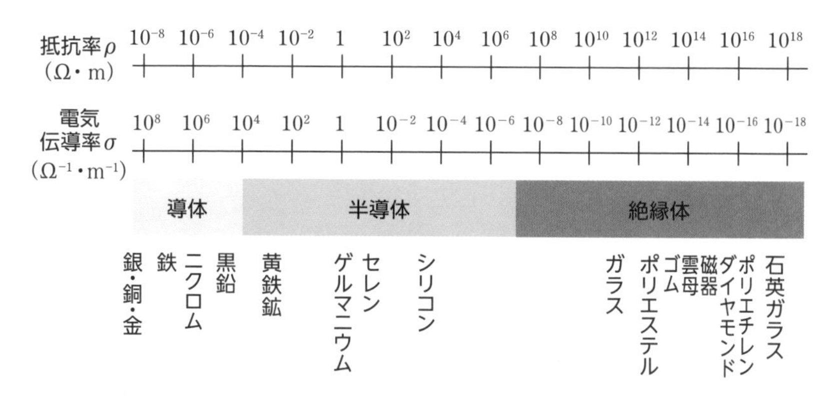

注：絶縁体の抵抗率の値はばらつきが多いので代表的なものを示した

これに対して**半導体は文字通り導体と絶縁体の中間的な性質を示す物質**で、抵抗率も導体と絶縁体の間、すなわち10^{-6}～10^{7} Ω・mになります。この半導体の代表はシリコン（Si）とゲルマニウム（Ge）です。

半導体の特徴は抵抗率の大きさそのものよりも、むしろその値が温度や微量の不純物の存在によって大きく変化することにあります。その温度による変化の様子を概念的に示したのが図1－5です。図では電気伝導率（導電率）σで示していますが、縦軸はσの値を対数目盛で表わしていることに注意してください。

この図からもわかるように、**金属は一般に温度が上がると電気伝導率が低下（抵抗率が増加）しますが、半導体はその逆でだいたい200℃以下であれば、温度が上がると電気伝導率が大きく増加（抵抗率が低下）する性質があります。**

このような、温度が上がると電気伝導率が上昇するという現象は、1839年にファラデーが硫化銀Ag_2Sで発見し、不思議な現象として報

図 1-5 ● 金属と半導体の電気伝導率の温度依存性

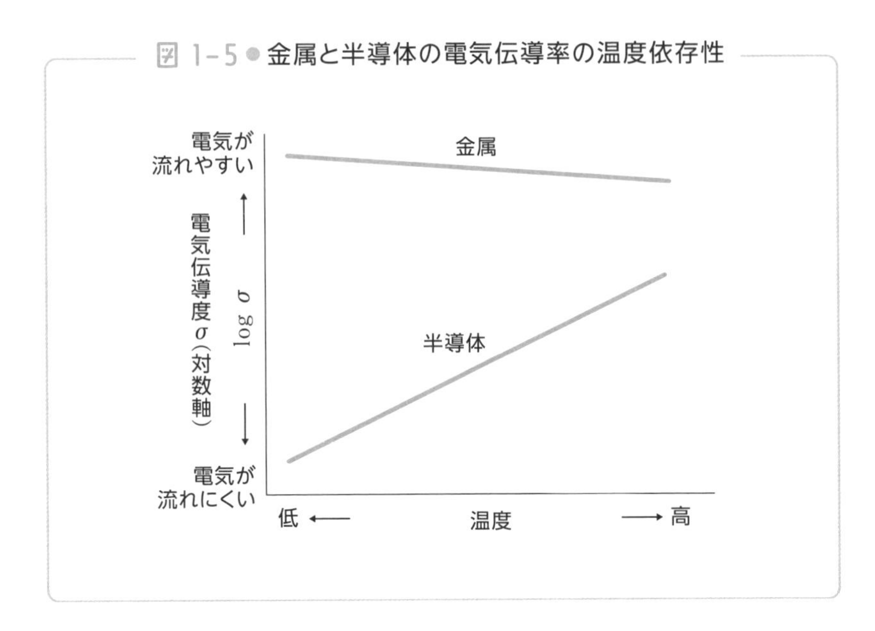

告しています。理屈はわからないものの、これが今日の半導体の性質が初めて発見されたものです。

電流は電子の流れですから、電気伝導率が上がるということは、半導体の中で動ける電子の数が増えるということです。電子はもともと半導体の原子の＋電荷につかまっていて自由には動けません。しかし、温度が上がると熱エネルギーを受けて電子は原子の束縛を離れて動けるようになります。

この自由に動ける電子の数（**自由電子**）が増えると、それだけ電気を通しやすくなり、電気伝導率が上がるということです。これが半導体の大きな特徴です。

高純度の半導体結晶では、室温程度では熱エネルギーが足りないため自由電子がほとんど存在せず、絶縁体と考えて差し支えありません。

しかし、これらの半導体結晶にごく微量のある種の元素を**不純物**（Ge や Si 以外の適当な元素のこと）として添加することで、電気を

通しやすくすることができます。これも半導体の大きな特徴です（詳細は1−5節で説明します）。

半導体の自由電子は、光のエネルギーによっても発生します。

この現象が発見されたのは1873年のことで、イギリスのスミスが半導体の性質を持つセレン（Se）に光を当てると抵抗が減少することを発見しました（内部光電効果）。

1907年にはイギリスのラウンドが、炭化ケイ素（SiC）の結晶に電圧を加えてエネルギーを与えた時に、発光することを発見しました。このように**光と電気の変換ができることも半導体の特徴です。**

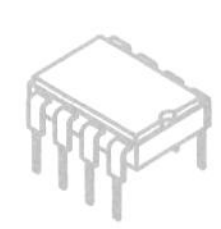

高純度の半導体結晶を作る

——チョクラルスキー法が作るインゴット

トランジスタやIC、LSIなどの半導体デバイスを作るには、きわめて高純度の半導体単結晶を使う必要があります。値としては99.999999999%（9が11個あるので「イレブン・ナイン」と呼ぶ）というレベルの超高純度が要求されます。

初期のトランジスタは**ゲルマニウム**を使っていましたが、現在の半導体デバイスは特性が安定している**シリコン**が多く使われています。シリコンは地球上では酸素に次いで2番目に多い元素で、資源の点でも問題ありません。

シリコンは酸化しやすく、2酸化ケイ素（SiO_2、つまりガラス）という形で砂や岩石の中に大量に含まれています。

これから半導体材料として使えるシリコンの結晶を作るには、まずSiO_2を炭素で高温還元して純粋の単体シリコンにします。この単体シリコンにはまだ不純物が含まれているので、塩素ガスや水素ガスと反応させて不純物を取り除き、高純度のシリコン結晶（多結晶）にします。このシリコンの精製には大量の電力が必要なため、日本は電力の比較的安価なオーストラリアやブラジル、中国などから高純度のシリコンを輸入しています。

シリコン多結晶を単結晶にするには、チョクラルスキー（Czochralski）法という方法を用いることが多いです。

これは図1−6に示すように、精製した多結晶のシリコンを石英るつぼに詰めて不活性ガス（アルゴンガス）で満たされた石英管の中に納めて、それをコイルで加熱して溶解させます。

図 1−6 ● チョクラルスキー法によるインゴットの製造

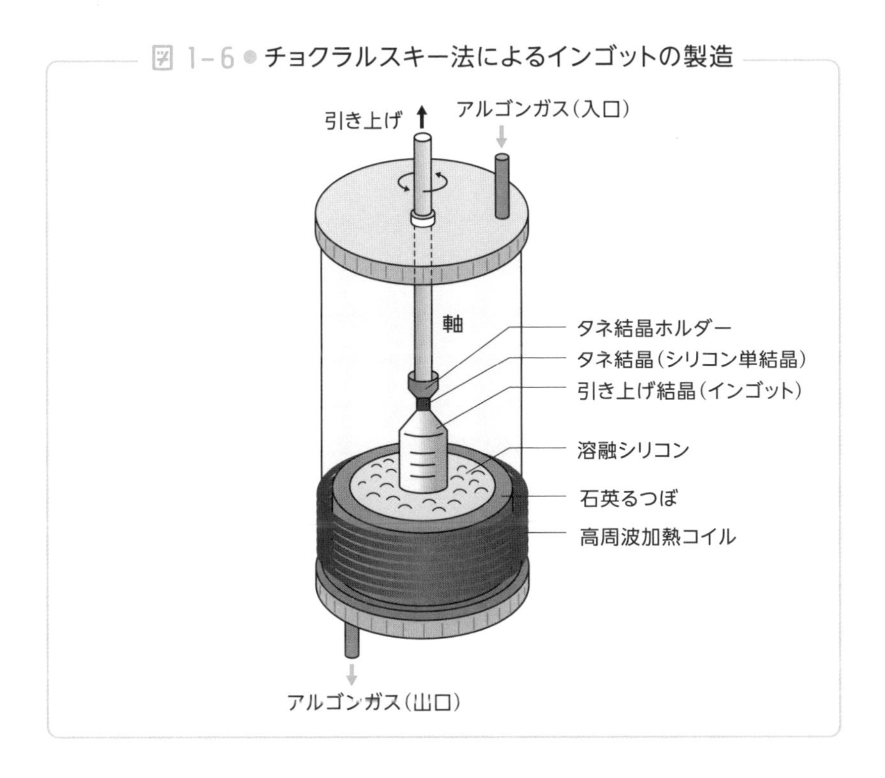

そして、るつぼの中で溶けたシリコンの表面にタネ結晶として小さなシリコン単結晶を接触させて回転させながらゆっくり引き上げると、冷えて固まる時にタネ結晶と同じ原子配列をした大きな単結晶の塊に成長します。この塊が図1−7に示すような**インゴット**と呼ばれるものです。

この過程で、もとのシリコンの中に残っていたわずかな不純物は溶けたシリコンの中に析出され、固まったシリコン結晶はさらに純度が

図 1-7 ● シリコン単結晶とシリコンウェーハ

高くなります。

インゴットを厚さ1mm程度にスライスしたものが**ウェーハ**で、ウェーハを数mm～十数mm角に区切った1つ1つが**チップ**です（図1−8）。

ICやLSIなどの半導体デバイスはこのチップに形成されます。1枚のウェーハからとれるチップの数はウェーハの直径が大きいほど多くなり、製造コストを下げられます。ですので、現在では直径300mmもの大きなインゴットも作られます。

図 1-8 ● ウェーハとチップ

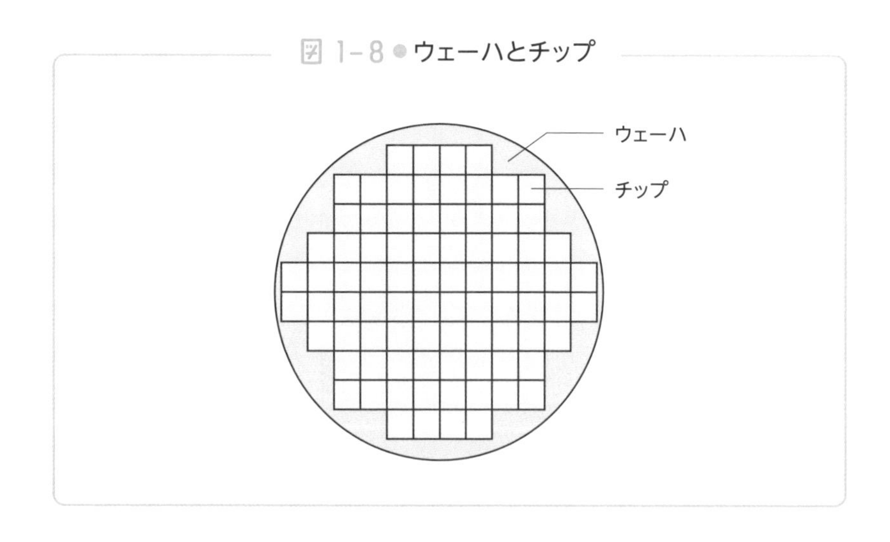

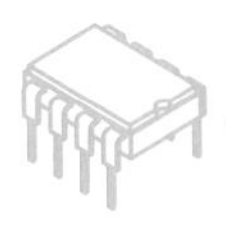

半導体の中の電子

―― 自由電子と正孔が"電気の運び屋"に

20世紀になって実用化された電子デバイスは、電子の流れを外部から自由に制御することによって動作します。

最初に使われた真空管では、真空にしたガラス管の中を流れる電子を、外部の電界や磁界によって制御することで様々な機能を実現しました。これと同様の機能を半導体で実現するには、半導体の中に適当な数の電子を存在させ、その流れを外部からうまく制御できることが必要です。

ここで半導体結晶の中の電子がどのようになっているかを見てみましょう。

半導体の代表であるゲルマニウム（Ge）とシリコン（Si）を元素の周期表で調べてみると、同じ仲間に属していることがわかります。

図1−9は周期表の中からGeとSiを中心とする元素の部分を抜き出したものです。周期表では性質の似た元素が縦に並んで配置されており、この縦に並ぶグループを「族」と呼び、1族から18族までに分類されています。

図に示した周期表は、現在主に使われている長周期型です。しかし、半導体関係の書籍や論文等では、以前使われていた短周期型を使うことも多いです。これは0族からⅧ族までの分類になっており、長周

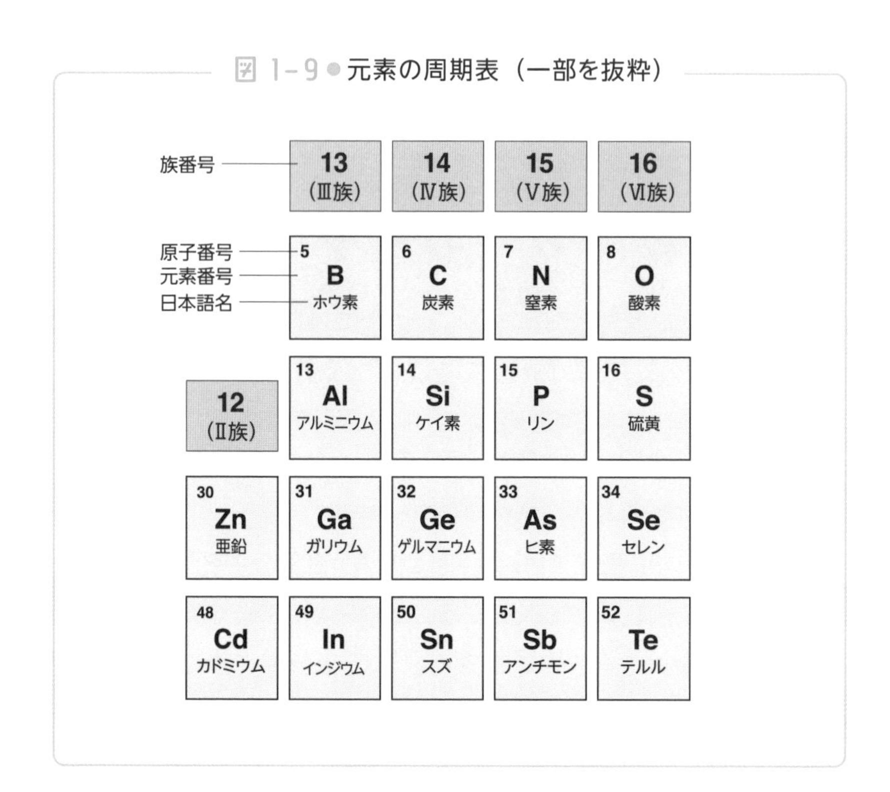

図1-9●元素の周期表（一部を抜粋）

期型の11族はⅠ族に、12族はⅡ族に、13族はⅢ族に、14族はⅣ族に、15族はⅤ族に、16族はⅥ族に対応しています。本書では両者を併記することにします。

GeもSiも14族（Ⅳ族）に属しています。そして、この14族の原子の特徴は最外殻（57ページのコラム参照）の電子の数が4個であることです。図1−10はGeとSiの電子配置を示したもので、最外殻の軌道には電子が4個入っていることがわかります。

なお、14族（Ⅳ族）の元素にはGeに続いてスズ（Sn）がありますが、Snは常温・常圧では金属として存在し、一般的に半導体とは呼びません。

この最外殻の電子の軌道には8個の電子が入る席があるので、4個

図 1-10 ● 14族元素の電子配置

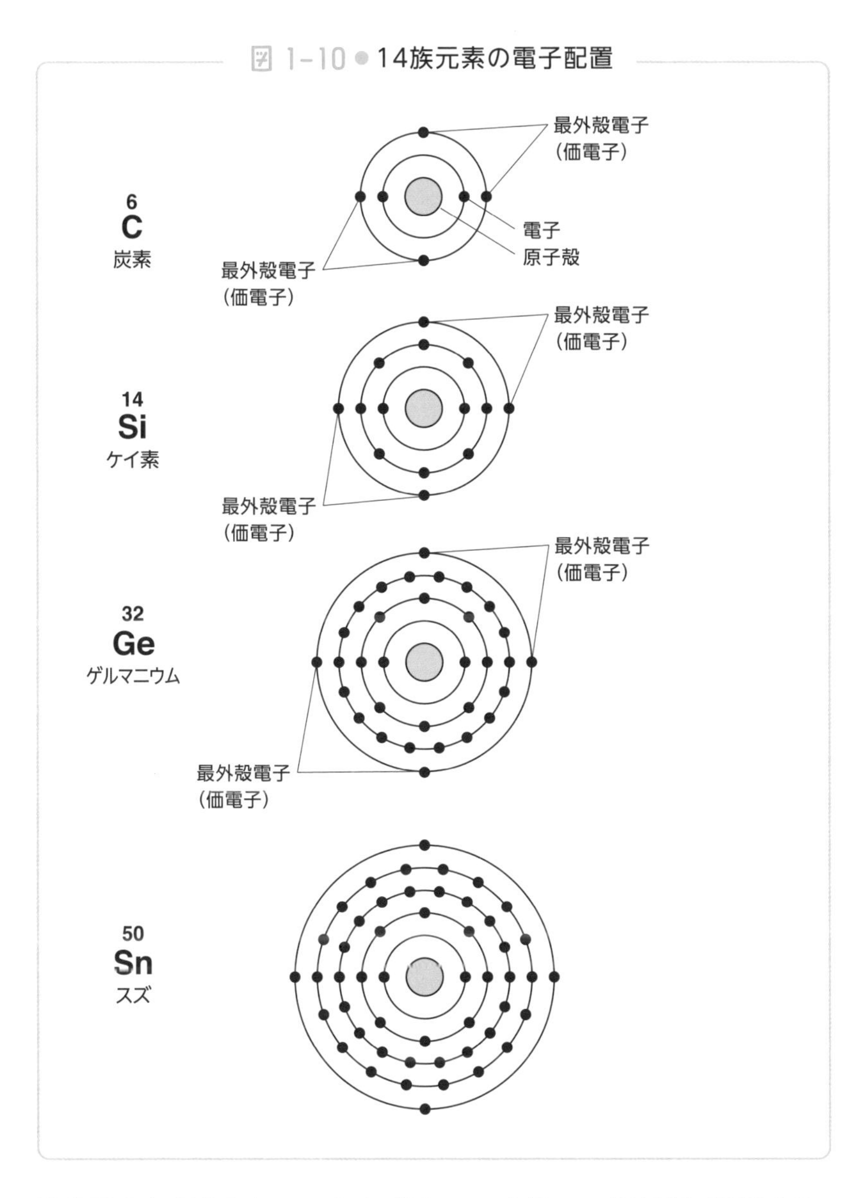

は空席のまま残されています（図1－11(a)）。この空席に隣接する4個の原子から1個ずつ電子をもらって席を埋めることで原子同士が固く結合し（**共有結合**）、結晶を作ることができます（図1－11(b)）。これはSiもGeも同じです。

図 1-11 ● シリコン（Si）電子の共有結合

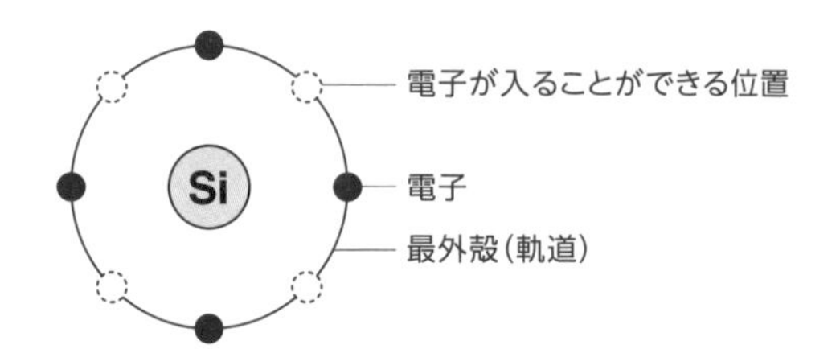

(a)シリコン原子の最外殻電子は4個

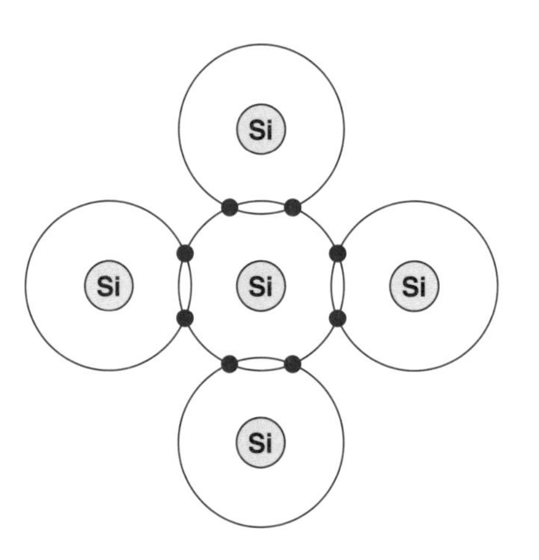

(b)シリコン原子は隣接する4つの原子と電子を
共有することによって閉殻構造を作る

また、図ではわかりやすいように平面に2次元的に示してありますが、実際には3次元の立体構造で、図1−12のように正4面体の中心にある原子が頂点にある4個の原子と共有結合をしています。

SiやGeの結晶はこのように原子が正4面体状に次々と積み重

図 1-12 ● シリコン（Si）電子の共有結合

なった巨大分子で、ダイヤモンドと同じ結晶構造なので**ダイヤモンド構造**と呼ばれています（51ページの図1－19参照）。

図1－11に示した結晶構造では電子はすべて原子同士の結合に使われ、余っていません。そのため結晶内で動き回ることができる電子がなく、電気を通すことができません。30ページで述べたように、高純度の半導体が電気をほとんど通さないのはこのような理由からです。

ところが温度を上げていくと原子は熱エネルギーをもらうので、そのエネルギーによって図1－13に示すように原子同士の一部の結合が切れて電子が飛び出し、結晶内を自由に動き回れるようになります（自由電子）。

するとマイナスの電子が入っていたところに孔ができます。ここをプラスの電気の孔と考えて「**正孔**」（**ホール**。hole）と呼びます。

この正孔は隣の原子から電子を奪って入れることができ、今度は隣

図 1-13 ● シリコン結晶内の自由電子

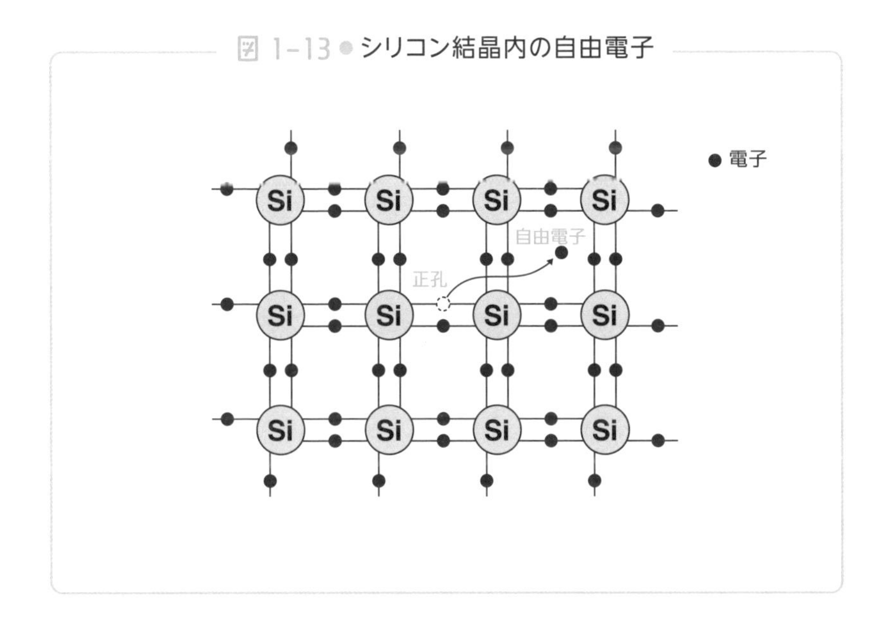

の原子の結合部に正孔ができます。このように正孔も結晶内を自由に動き回ることができます。このため半導体は、温度が高くなると自由電子と正孔の数が増えて電気を通しやすくなり、30ページの図1－5に示したように電気伝導率が上がってくるのです。

表1－1はSiやGeの原子同士の結合の強さを示したもので、GeよりもSiの結合が強いことがわかります。表には参考としてダイヤモンド（C）も示しており、その結合がきわめて強いことがわかります。ダイヤモンドが硬くて頑丈なのはこのためです。

表 1-1●結合エネルギーの比較

原子の結合	結合エネルギー(kcal/mol)
C－C (ダイヤモンド)	83
Si－Si	53
Ge－Ge	40

半導体では、この結合の強さに関わるパラメータ、**バンドギャップ**Egが重要です。

このバンドギャップは、電子が結合を離れて原子から抜け出し、結晶の中を自由に動き回れる自由電子になるのに必要なエネルギーと考えてください。つまり、結合が強いほどバンドギャップは大きくなります。

表1－2にGe、Si、C（ダイヤモンド）のバンドギャップの値を示します。ここからわかるように、Geはバンドギャップが小さく結合がゆるいために、温度が上がると熱エネルギーを受けて自由電子ができ

表 1-2 ● Ⅳ族原子のバンドギャップ

元素	バンドギャップEg(eV)
C (ダイヤモンド)	5.47
Si	1.12
Ge	0.66

単位はeV(エレクロトンボルト)
電子1個が1Vの電位から受け取るエネルギー

やすくなります。そのためGeトランジスタは、温度が70℃以上になると自由電子が増えすぎて正常な動作ができません。

これに対してSiはバンドギャップが大きいために自由電子ができにくく、Siの半導体素子は125℃くらいでも正常に動作します。

ダイヤモンドはバンドギャップがきわめて大きく結合が強いです。ですから、室温程度の温度では自由電子はほとんどできず、絶縁体になります（図1−4参照）。

半導体の中の自由電子と正孔は「電気の運び手」となるので、**キャリア**と呼ばれます。SiやGeの結晶には、$1cm^3$あたりおよそ5×10^{22}個の原子があり、室温で自由電子および正孔ができるのは、$1cm^3$あたりSiで1.5×10^{10}個、Geで2.4×10^{13}個程度です。このくらいのキャリア（自由電子と正孔）数では抵抗率はSiで2.3×10^3 Ω・m、Geで0.5 Ω・m程度になります。

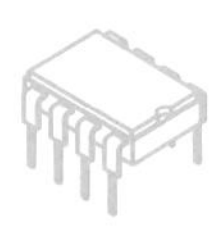

1-5 半導体にはn型とp型がある

── 何をドーピングするかで決まる

高純度の半導体結晶にごく微量の15族（V族）の元素のどれか（リン（P)、ヒ素（As)、アンチモン（Sb）など）を**不純物**として添加する（**ドーピング**という）とどうなるかを考えてみましょう。

ここでいうドーピングとは、単に不純物を加えて混ぜるのではなく、不純物の原子をもとのSi（またはGe）の原子と置換して結晶になるようにすることです。

「ごく微量」というのは、原子の数で比較してSi（またはGe）原子の数十万分の1から百万分の1程度の不純物原子のことです。この程度の微量であれば不純物を加えても結晶の構造はまったく変わりません。

15族（V族）の原子（リン（P)、ヒ素（As）など）は最外殻の電子の数が5個であるのが特徴です（図1−14(a))。ですから、例えばSiにPをドーピングして結晶化すると、図1−14(b)に示すようにSiの原子の一部がPの原子と置き換わります。この時、Pの原子は最外殻に5個の電子を持っているので電子が1個余ります。

この電子は原子との結合がきわめて弱いので自由電子となって結晶内を動き回ることができます。マイナスの電気を持っている電子がキャリアとなるので、このようにして作られた半導体は「**n型半導体**」（nはnegative（マイナス）の意味）と呼ばれ、電気を通しやすくなります。

図1-14 ● 15族（Ⅴ族）元素をドーピングするとn型半導体になる

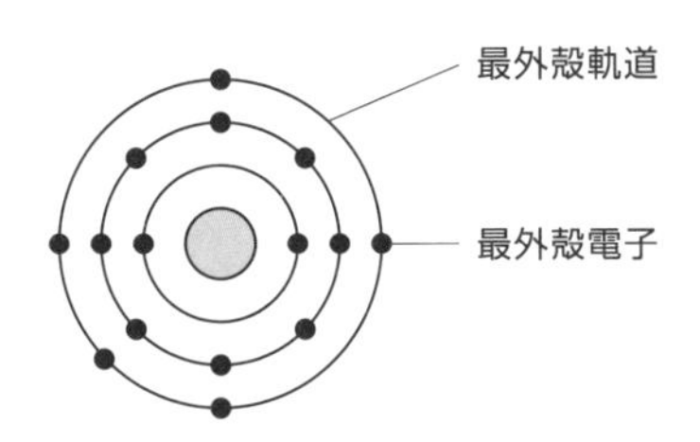

(a)リン(P)原子の電子配置

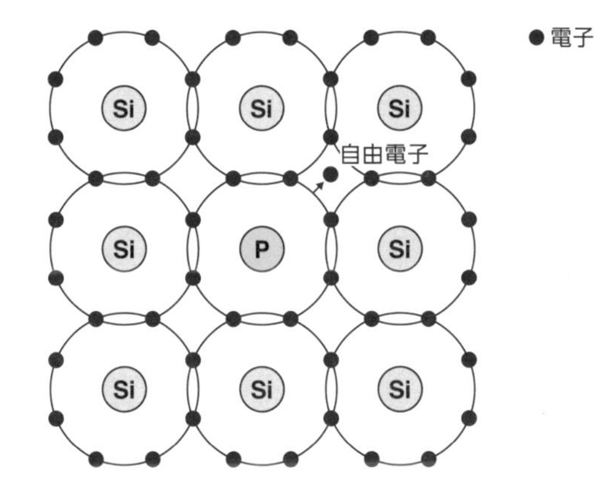

(b)リン(P)とドーピングしたn型半導体

今度は同じようにして、13族（Ⅲ族）の元素のどれか（ボロン（B)、インジウム（In）など）をドーピングします。13族（Ⅲ族）の原子は最外殻の電子の数が3個であるのが特徴です（図1−15(a))。そのため、例えばSiにBをドーピングして結晶化すると、図1−15(b)に示すようにSi原子の一部がB原子と置き換わります。しかし、B原子は最外殻に3個の電子しか持っていないので電子が1個不足し、席の1つが空いたままで正孔ができます。

このプラスの電気の孔がキャリアとなるので、この半導体も電気を通しやすくなります。そこでこのようにして作られた半導体は「**p型**

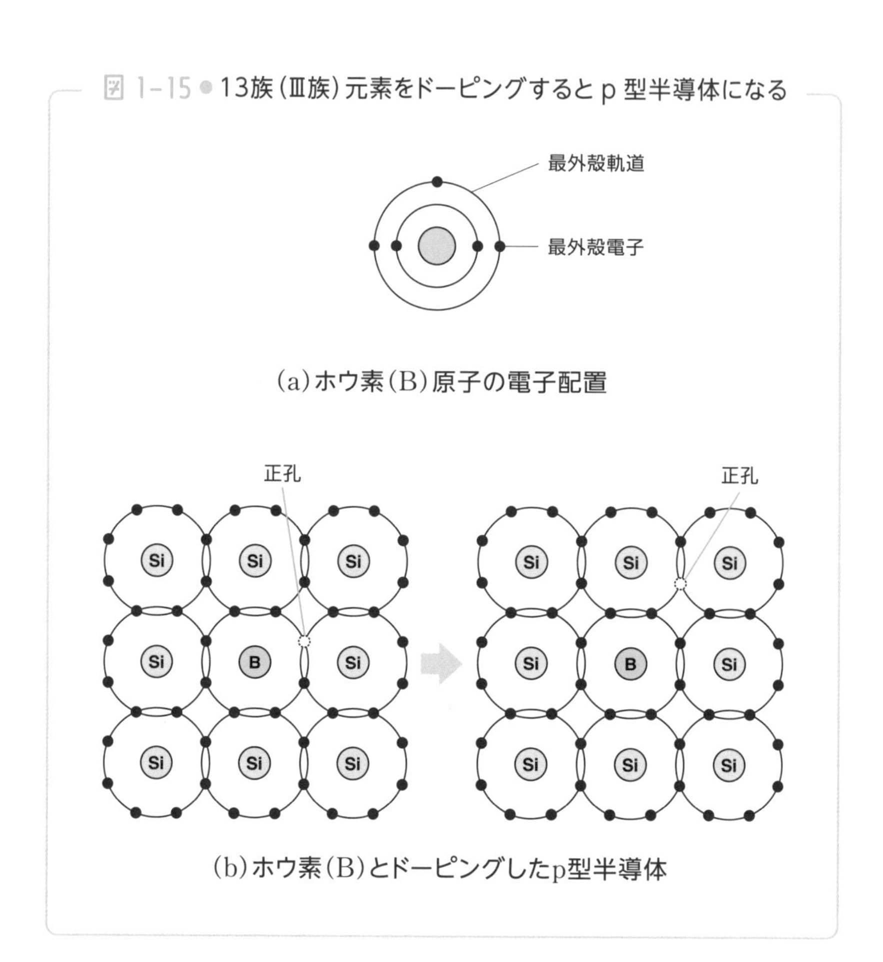

図1-15 ● 13族（Ⅲ族）元素をドーピングするとp型半導体になる

(a) ホウ素（B）原子の電子配置

(b) ホウ素（B）とドーピングしたp型半導体

半導体」（pはpositive（プラス）の意味）と呼ばれます。

この時、電気を通しやすくするためには、ドーピングした13族（Ⅲ族）または15族（Ⅴ族）の元素の原子がうまくSiやGeの原子と置き換わって、きれいな結晶になることが必要です。どんな元素でもいいという訳ではありません。

ドーピングする不純物の量は、原子数で$1cm^3$あたり10^{15}ないし10^{16}個、多くても10^{18}個以下（10^{18}以上ではほとんど導体になる）です。このように重要な役割をする不純物元素の数は、不純物をまったく含まない真性半導体の原子の数5×10^{22}個より6〜7桁も少ないので、使用する半導体をイレブン・ナインという超高純度に精製し、余分な不純物を取り除いておく必要があるのです。

n型半導体もp型半導体もキャリアの数はドーピングした不純物元素の数と同じになります。n型半導体ではキャリアは電子、p型半導体では正孔になります。

ただn型にもp型にも温度による熱エネルギーで生じた電子と正孔のペアが存在し、キャリアになります。しかしその数はドーピングした不純物の数よりも数桁も少ないので、主なキャリアとはなり得ません。そこでn型半導体の多数キャリアは電子、少数キャリアが正孔となり、p型半導体の多数キャリアは正孔、少数キャリアが電子ということになります。

このn型半導体とp型半導体をうまく組み合わせることでトランジスタをはじめとする様々な半導体デバイスを作ることができるのです。

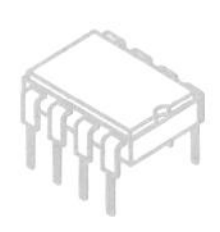

p型とn型の半導体を接合したダイオード

——整流器や検波機として活用

半導体にはp型とn型があると説明しましたが、p型半導体あるいはn型半導体だけでは何もできません。p型とn型の半導体を接合することによっていろいろな機能を実現できるようになります。

ここで「**接合**」とは「つなぎ合わせる」という意味ですが、単に2つの半導体を圧着したり、接着剤でくっつけただけではダメです。1つの半導体結晶の中で、図1−16(a)に示すようにp型の領域とn型の領域が同じ結晶で連続してつながっていることが条件です。

このp型とn型の領域が接している部分を**pn接合**といい、その境界面を接合面といいます。このようにしてp型半導体とn型半導体を接合させると、もっとも基本的な半導体素子である(**pn接合**)**ダイオード**ができます。

p型半導体の中ではプラスの電気を持った正孔が動き回り、n型半導体の中ではマイナスの電気を持った電子が動き回っています。するとダイオードの中では、正孔と電子が接合面を越えてお互いの領域に侵入し、プラスとマイナスが打ち消し合ってゼロになってしまいそうに思えます。しかし、**実際には接合面には電気的な壁があり、正孔も電子もこの壁を越えて自由に行き来することができません。**

図 1-16 ● pn接合ダイオードの構造と動作

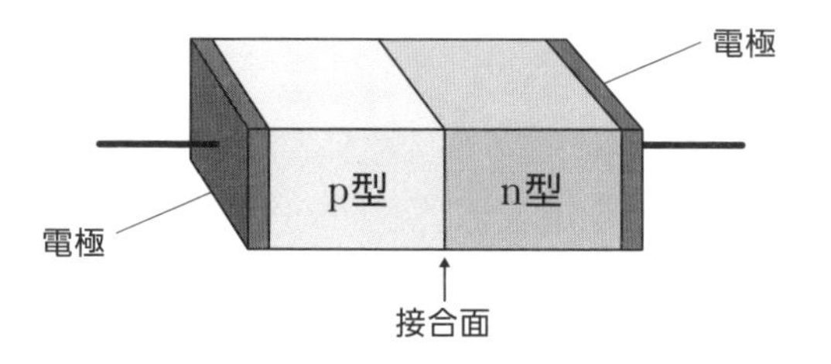

(a) pn(接合)ダイオード

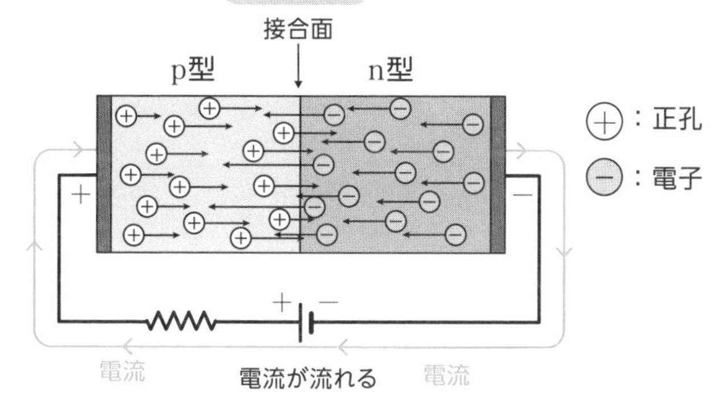

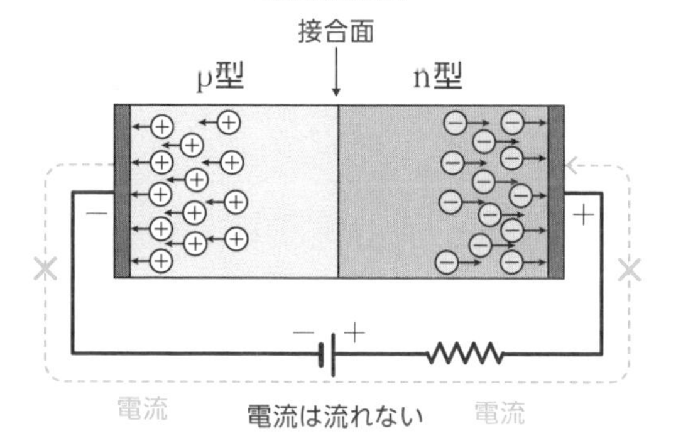

(b) pnダイオードの動作

この状態で図1−16(b上)のようにp型側をプラス、n型側をマイナスにして電圧をかけることを考えます。これを**順バイアス**と呼び、p型半導体のキャリアである正孔はマイナスの電極に向けた接合面の壁を越えて移動し、n型半導体のキャリアである電子も同様にプラス電極に向けて移動します。その結果、p型からn型に向けて電流が流れます。

逆に図1−16(b下)のように、p型側をマイナス、n型側をプラスにして電圧をかけた状態は**逆バイアス**と呼びます。この時、p型半導体の正孔はマイナス電極へ、n型半導体の電子はプラス電極に向かって移動します。ですから、接合部付近にはキャリアの少ない「絶縁地帯」が生じ、電流は流れません。

図1−17はダイオードの電圧電流特性を示したもので、電圧（横軸）

図 1-17 ● pn接合ダイオードの電圧・電流特性

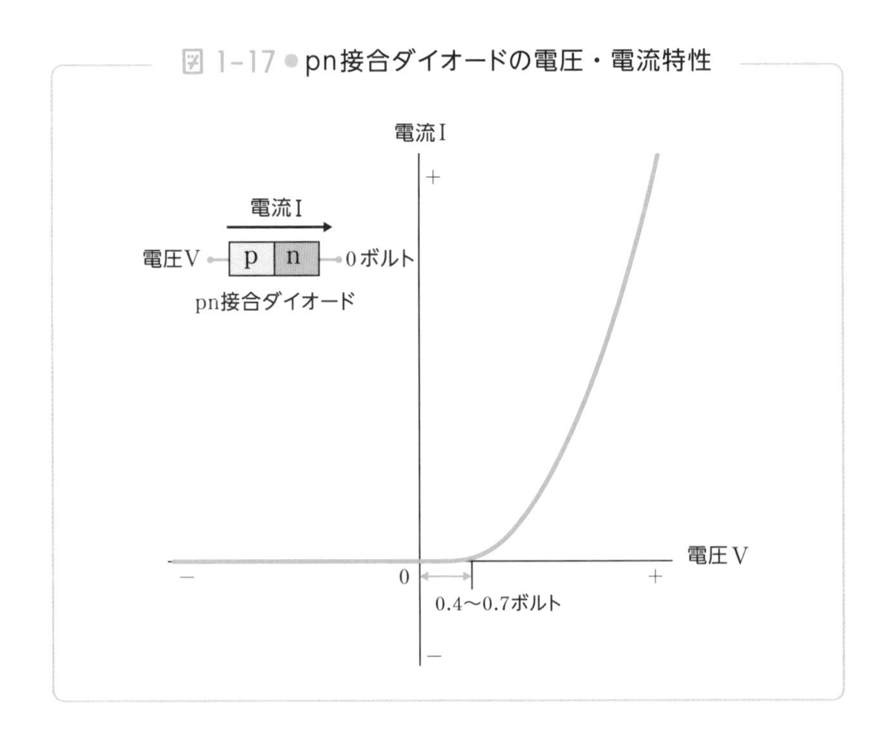

のプラス側が順バイアス、マイナス側が逆バイアスです。順バイアスでは電圧がおよそ0.4から0.7ボルトを越えてから大きな電流が流れ始めますが、これはpn接合面の電気的な壁を越えるのに必要な電圧と考えることができます。

一方、逆バイアスでは電圧を上げても電流は流れません。ただし、あまり電圧を上げすぎると逆電圧降伏と呼ばれる現象が起きて大量の電流が流れます。

このようにダイオードは整流作用を持っているので、交流を直流に変える整流器や電波から信号を取り出すための検波器として利用できます。

1-7

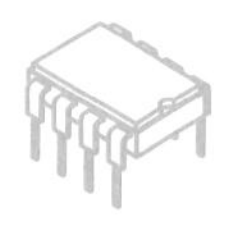

ダイヤモンドは半導体か？

―― 究極の半導体となる可能性もある

元素の周期表（36ページの図1−9）を見ると、シリコン（Si）やゲルマニウム（Ge）と同じ14族（Ⅳ族）の元素の最初に炭素（C）があります。この炭素も最外殻電子は4個で（37ページの図1−10参照）、SiやGeと同様に4個の空席があります。

炭素は大昔から木炭の形で使われてきた元素です。その代表的な単体（単一元素の原子よりなる物質）には黒鉛とダイヤモンドがあり、これらは同素体と呼ばれます。また、カーボンの同素体には後から発見された、フラーレンやカーボンナノチューブもあります。

黒鉛は炭素原子が正6角形をつくって平面状に並んだ構造で（図1−18）、平面と平面の結合が弱い分子間力のみで、はがれやすいという性質があります。また黒鉛は電気を通しやすい特徴もあります（29ページの図1−4参照）。これは炭素原子の最外殻の4個の電子のうち、3個が隣接する炭素原子と共有結合をしていますが、残りの1個は結合に関与せずに自由電子のように振る舞うからです。

一方ダイヤモンドは、図1−19に示すように炭素原子が正4面体状に次々に積み重なった巨大な分子で、4個の最外殻電子はすべて共有

図 1-18 ● 黒鉛（グラファイト）の結晶構造

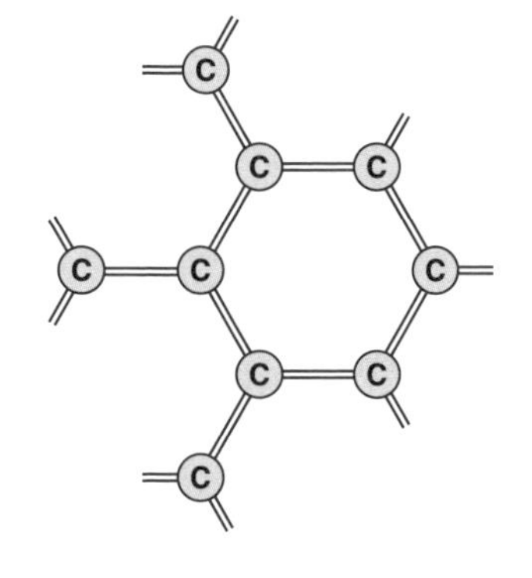

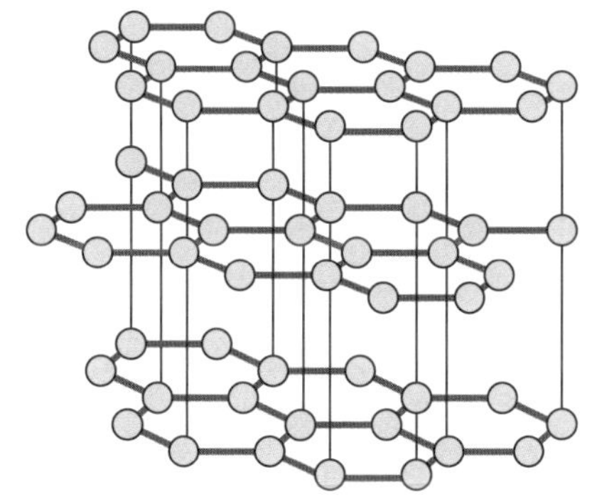

図 1-19 ● ダイヤモンド構造

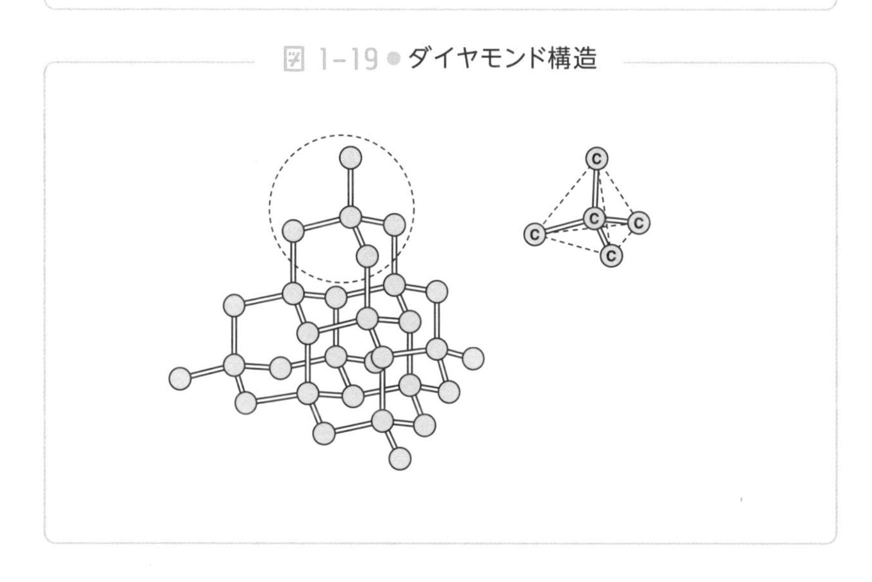

結合に使われています。

この図に示した正4面体の構造は、38ページの図1−12に示したSiやGeの結晶構造とまったく同じで、ダイヤモンド構造と呼ばれるものです。したがってダイヤモンドも半導体として利用できる可能性があります。しかし、41ページの表1−2に示したように**原子間の結合が強固でバンドギャップがきわめて大きく、室温程度では自由電子がほとんど発生しません。ですから、通常の環境では絶縁体となります。**

ところが天然のダイヤモンドの中にはホウ素（B）をごく微量含むものが存在します。これは43ページで説明したようにp型半導体の性質を持っています。同様にダイヤモンドにリン（P）をドーピングできれば、n型半導体になります。

しかしダイヤモンドは強固な結晶なので、ダイヤモンド格子に欠陥を与えずにこれらの元素をドーピングすることは困難です。

半導体としてのダイヤモンドの性質を他の半導体と比較すると、きわめて優れた特性を持っています。バンドギャップが大きい（高温、高電圧に耐える)、絶縁破壊電圧がシリコンの約30倍（高電圧で使える)、熱伝導率がシリコンの約13倍（放熱性が高い)、という究極の半導体ともいえる非常に優れた材料です。

しかし、大型の高品質な単結晶基板を作ることが難しく、実用化はまだこれからです。

一方、Si(シリコン)とC(カーボン）原子を1対1で構成した**SiC**（シリコンカーバイド）はダイヤモンドよりは扱いやすい上に、ダイヤモンドの特長もある程度備えています。

ですから、高温・高電圧の耐性が重要な大電力を扱うパワーデバイス分野を中心に、SiC半導体の利用も広がりつつあります。

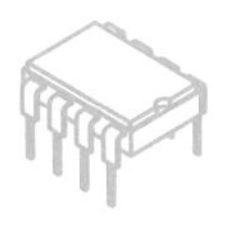

化合物半導体もある

―― 高速トランジスタやLEDが作れる

これまではゲルマニウム（Ge）やシリコン（Si）といった14族（Ⅳ族）の元素でできた単体半導体の半導体について説明してきました。それ以外にも、複数の元素を組み合わせて化合物にした半導体（**化合物半導体**）もあります。先ほど紹介したSiC（シリコンカーバイド）も化合物半導体の一種です。

もう1度36ページの図1－9に示した元素の周期表を見てみましょう。

この中から13族（Ⅲ族）のガリウム（Ga）と15族（Ⅴ族）のヒ素（As）を1対1で組み合わせて結晶にすると、Gaが持つ最外殻電子3個とAsが持つ最外殻電子5個が図1－20のように結合して、8個の電子が入る席をうまく埋めることができます。これを**GaAs**の化合物半導体といいます。

周期表でGeの前後のGaとAsは、両者ともそれ自身は半導体ではありません。しかし、これらを反応させて結晶にすると半導体（化合物半導体）ができるわけです。

化合物半導体とは、単一の元素ではなく複数の元素からなる半導体を意味します。ただ、どんな元素の組み合わせでもよいということではなく、元素同士が結果的に14族（Ⅳ族）の元素半導体と同じよう

図1-20●GaAsの結晶構造

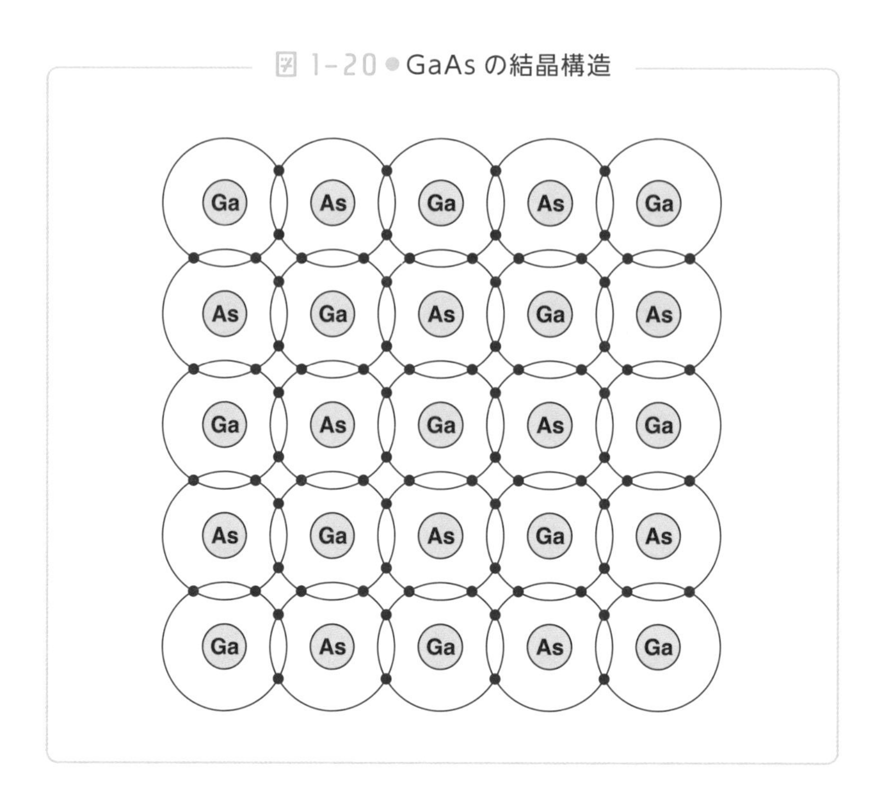

な共有結合をして、結合後の外側の軌道の電子配置も同じになることが必要です。

そのため元素の組み合わせが必然的に決まってしまいます。つまり、それぞれの元素の最外殻電子の数の和が8になること、つまり最外殻電子の数が4と4、3と5、2と6の元素の組み合わせに限られます。言い換えると、元素の周期表の14族（Ⅳ族）同士、13族（Ⅲ族）と15族（Ⅴ族）、12族（Ⅱ族）と16族（Ⅵ族）の組み合わせが該当します。

上で述べたGaAsはⅢ族とⅤ族の組み合わせなので、Ⅲ－Ⅴ族化合物半導体と呼ばれます。Ⅱ－Ⅵ族半導体としてはZnSe（セレン化亜鉛）があります。

さらに2つの元素の化合物だけでなく、3元素、4元素を組み合わせた化合物半導体もあります。例えば、AlGaAsは3つの元素からなる化合物半導体ですが、AlとGaは同じ13族（Ⅲ族）の元素なのでこれもⅢ－Ⅴ族化合物半導体です。AlとGaの混合比率を変えると電気的性質が少し異なる半導体ができるので、目的・用途に応じて必要な性質を備えた半導体を作ることができます。

2つ以上の元素を組み合わせた場合、半導体として振る舞うには安定してきれいな結晶ができることも必要です。化合物半導体の例を図1－21に示します。

族	元素数	例
Ⅲ－Ⅴ族	2元素	GaAs, GaN, GaP, InP, InSb
	3元素	AlGaAs, InGaAs, InGaP,
	4元素	AlGaAsP, GaInAsP
Ⅱ－Ⅵ族	2元素	CdS, ZnSe
Ⅳ－Ⅳ族	2元素	SiC

図1-21●化合物半導体の例

一般に化合物半導体は高品質の結晶を作るのが難しく、コストが高いという問題点がありますが、次のような従来のGeやSiにはない優れた特徴があります。

①高速・高周波動作

半導体結晶内で電子が移動する速度（電子移動度）が大きいものを作ることができます。例えば代表的な化合物半導体であるGaAsは電子移動度がシリコンのおよそ5倍もあり、それだけ高速・高周波のトランジスタを作ることができます。

②発光現象

半導体に電圧を加えると光を出すという性質がありますが、どのような半導体でも効率よく発光するわけではありません。実際、SiやGeは光を出しにくいです。これに対して化合物半導体には効率よく発光するものが多くあり、**発光ダイオード**（**LED**）や**半導体レーザー**などに応用できます。

③高い耐熱性・耐圧性

GeやSiなどの半導体は高温・高電圧を苦手としています。しかし、GaN（窒化ガリウム）などの**バンドギャップが大きい化合物半導体は高温・高電圧に強く、大電力でも使えます。**ですから、パワーデバイスの材料として利用できます。

④磁気特性

物質を流れる電流に対して垂直方向に磁界をかけると、両者に直交する方向に電圧が現れる現象（**ホール効果**）があります。これは磁束計や電力計などに利用できます。そして、化合物半導体ではこの現象が強く現れるものが存在します。ですから、ホール効果を応用して計測を行なう素子をGaAsなどの化合物半導体で作ることができます。

せみこんの窓

原子の構造

原子は陽子と中性子からなる「**原子核**」とその周りを回る「**電子**」とで構成されていて、その電子の数は元素ごとに決まっています。

36ページの図1−9に示した周期表の各元素の欄を見ると、左上のところに数字が書いてあります。この数字は「**原子番号**」で、その元素の電子の数（と同時に原子核の中の陽子の数）と同じです。

電子は決められた軌道上だけを回ることができ、それ以外のところには存在することができません。その電子の軌道は、原子核の周りにある「**電子殻**」（略して殻）と呼ばれるいくつかの層に分かれて存在しています。

殻は図1−Aに示すように、原子核に近い方から、K殻、L殻、M殻、N殻、……とKから始まるアルファベットで名付けられています。それぞれの殻では、電子が入ることができる「席」の数が決まっていて、K殻には2席、L殻には8席、M殻には18席、N殻には32席、……あります。

図 1−A ● 原子の構造

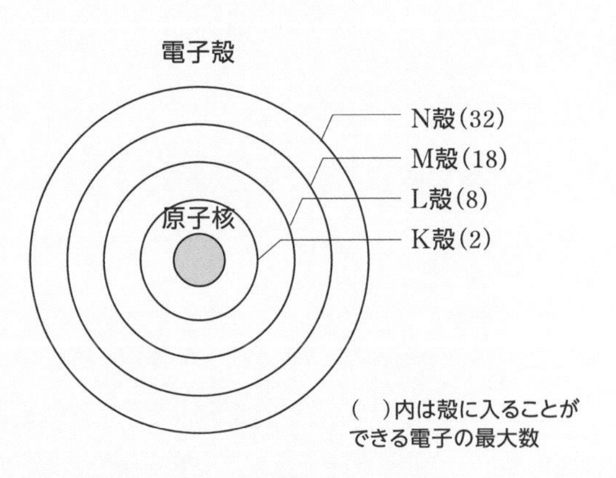

第1章 半導体とはなんだろう

電子は内側から順番に席を埋めていき、内側の殻が満席になるとその次の殻の空いている席に入ります。

このようにして電子が席を埋めていった時、原子の一番外側の殻（最外殻）にある電子が他の原子と結合するための重要な役割を果たします。ですから、**最外殻の電子の数がその原子の科学的性質を担っていることになります。**言い換えれば、化学反応は最外殻の電子のやりとりとなります。このような反応に関わる最外殻の電子を「**価電子**」と呼びます。

図1－Aは殻のみで示しましたが、実際に殻の中にいくつかの電子の軌道があり、内側からs、p、d、fと記号が付けられています。それぞれの軌道にも入りうる電子の最大数（席の数）が決まっていて、軌道は殻ごとに1s、2s、2p、3s、3p、3d、……というように記号で表わします。

本書で扱うことが多いシリコン（Si）を例にとると、14個の電子は内側の軌道から入っていて、K殻のs軌道（1s）に2個、L殻のs軌道（2s）に2個、p軌道（2p）に6個、M殻のs軌道（3s）に2個、p軌道（3p）に2個入っています。これを“$1s^2 2s^2 2p^6 3s^2 3p^2$”のように表記します。この表記法を見れば、各原子の電子がどの軌道にいくつ入っているかがすぐにわかります。

第2章

トランジスタはこのようにして作られた

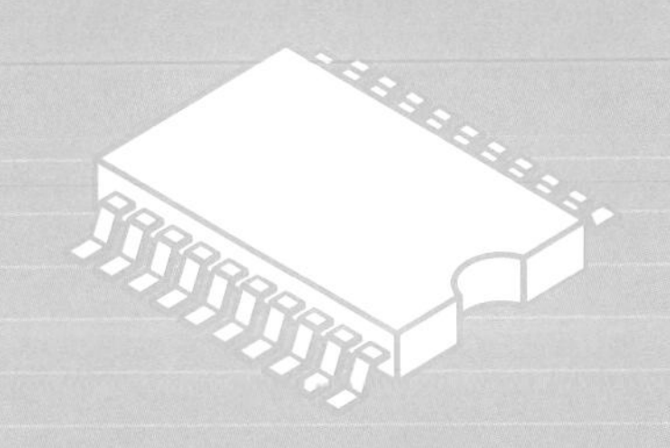

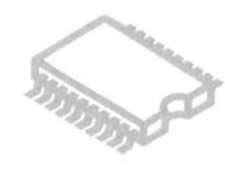

トランジスタを発明した3人の男

——ショックレー、バーディーン、ブラッテンとそれを率いたケリーの功績

アメリカに「ベル電話研究所」(BTL:Bell Telephone Laboratories, 通称「ベル研」)という通信関係では世界最大の研究所がありました。ノーベル賞受賞者を何人も輩出した偉大な研究所です。

電話を発明したアレクサンダー・グラハム・ベル(Alexander Graham Bell)が設立した電話会社「アメリカ電話電信会社」(AT&T: American Telephone and Telegraph Company)の傘下にあって、通信機メーカーの「ウェスタン・エレクトリック社」(WE:Western Electric)とベルシステムという巨大な企業グループを形成していました(図2−1)。

第2次世界大戦前の1935年頃、そのベル研で電子管研究部長をしていたケリー(M.J.Kelly)は、急増する電話需要に対処するために全米をカバーする電話のネットワークはどうあるべきかを考えていました。

電話の音声信号をケーブルで送っていると、信号は次第に減衰して弱くなりついには聞こえなくなってしまいます。だからケーブルの途中に増幅器を入れて信号の強さを元に戻さなければなりません。この増幅器は**真空管**を使っていました。広大なアメリカ大陸をカバーする

図 2-1 ● 1984年以前のベルシステム

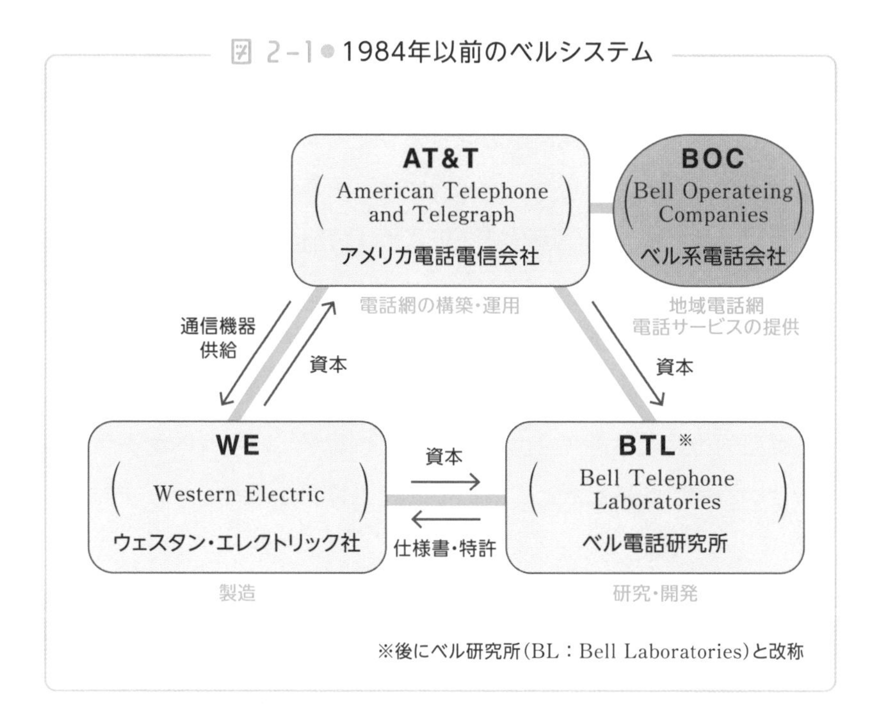

には増幅器が多数必要で、それに使う真空管は膨大な数になります。

真空管には大きな欠点がいくつかあります。最大の欠点は寿命が短いことです。真空管は中にフィラメントがあり電気で加熱して使うので、フィラメントが切れると真空管を交換しなければなりません。家庭で使う白熱電球でも、長く使っているとフィラメントが切れて使えなくなるのと同じです。

当時の真空管の寿命は平均3000時間（4ヶ月）程度、長くても5000時間（7ヶ月）くらいでした。これでは年中切れた真空管を取り替えなければなりません。また真空管はフィラメントを加熱するためにかなりの電力を消費するのも大きな欠点です。使用する真空管の数が多いので、全体では電力消費量がバカになりません。さらにサイズが大きいので多数の真空管の保管場所も問題です。

ケリーが出した結論は、アメリカが求めている全土をカバーする高性能の電話ネットワークは真空管では実現できない、ということです。

そこでケリーは、真空管とは違うまったく新しい増幅器を作らなければならないと考えました。具体的には、半導体を使って真空管と同じように、信号の増幅作用を持つデバイスの開発を目標としました。

ケリーのポストは電子管研究部長です。電子管とは真空管のことですから、彼は高性能の真空管を研究開発することが本来の仕事のはずです。そのケリーが自らの担当である真空管の将来に見切りをつけ、もう真空管の時代は過ぎた、真空管に代わる新しい半導体素子が必要だ、という信念を持ったところに彼の先見の明と偉大さがあります。

そこでケリーはこの開発に適した研究者探しを始めました。彼が目をつけたのはアメリカのMIT（マサチューセッツ工科大学）で博士号をとったばかりのショックレー（W.B.Shockley）でした。1936年に彼をベル研に採用し、半導体増幅器開発のリーダーに据えました。その時ケリーがショックレーに言ったのは、「真空管のことは忘れろ、半導体を使い工夫して増幅器を作れ、何年かかってもよい」ということで、細かいことは何も言わずあとはすべてショックレーに任せました。

ところがいくら実験を重ねても半導体増幅器はなかなか実現できず、いろいろ工夫をしてもことごとく失敗してしまいました。結局、半導体増幅器（トランジスタ）が実現できたのは第2次世界大戦後の1947年の暮れのことです。固体増幅器の計画がスタートしてから、足掛け12年かかったことになります。

その1947年のある日、ショックレーは研究仲間を集めて、どうしてこんなに失敗ばかりしているのか自由に話し合う会合を開きました。そのメンバーの1人に理論物理学者のバーディーン（J.Bardeen）がいました。彼は礼儀正しくおとなしい、ほとんど口をきかない物静かな男でしたが、この時はショックレーに何かアドバイスはないかと促されて次のようなことを指摘しました。「半導体の研究はかなり進歩しているけれども表面について我々は何もわかっていない。それにもかかわらず我々が実験をする対象はほとんどが半導体の表面ではないか。だから半導体の表面の研究をしばらくやってみてはどうか」。

後になってショックレーは、「あのバーディーンの言葉は自分にとって生涯最高のアドバイスだった」と述懐しています。そこでバーディーンは結晶の表面についてある仮説を提唱し、それを検証するための実験を、実験が得意なブラッテン（W.H.Brattain）が行なうことになりました。

その年の12月17日、バーディーンとブラッテンは図2−2のような仕組みで実験をしていました。まずn型ゲルマニウム結晶の薄片に、図のような極性の電圧をかけました。そして、表面に2本の金属針を接触させて、どのように電気が流れるかを測っていました。

その実験の中で偶然、左側の針Eにプラスの電圧をかけて小さな電流を流し込むと、右側の針Cに大きな電流が流れることを発見しました。つまり電流の増幅作用が認められたのです。

図2−2● 電流増幅作用を確認した時の実験

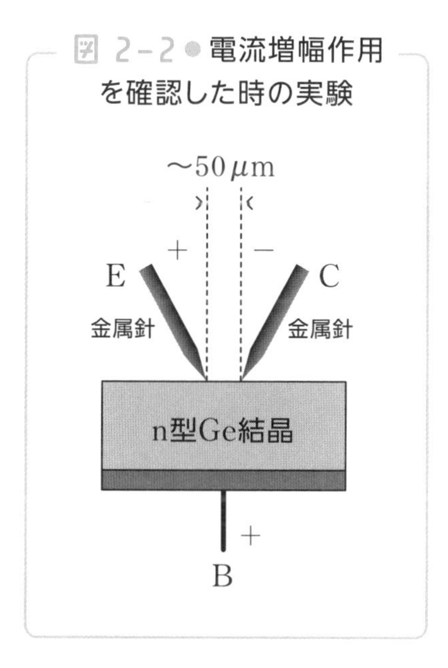

さらに針Eから小さな信号電流を流し込むと、針Cからは大きな信号電流が取り出せることを確認しました。**つまり半導体の結晶で増幅器が実現できたことになります。**この時、2人は増幅器を作ろうとしてはいなかったのですが、フタを開けてみたら偶然に増幅現象が起こったのです。これがトランジスタ誕生の最初です。

大発明や大発見は偶然によることが多いといわれています。トランジスタの発明も上に述べたように偶然が伴っています。しかしそれは半導体増幅器を作ろうという執念の結果として生まれた偶然です。
これについてショックレーは、「あのトランジスタの発明、増幅現象の発見は非常によくマネージメントされた研究の中で偶然生まれたものだ」と表現しています。ショックレー、バーディーン、ブラッテンの3人（写真2-1）は、トランジスタの発明で1956年にノーベル物理学賞を受賞しています。

また、トランジスタの開発を推進したケリーは、自らは実験には携わりませんでしたが、彼がいなければトランジスタはできなかったということで、「トランジスタの父」（英語では、Spiritual father）と呼ばれて尊敬されています。

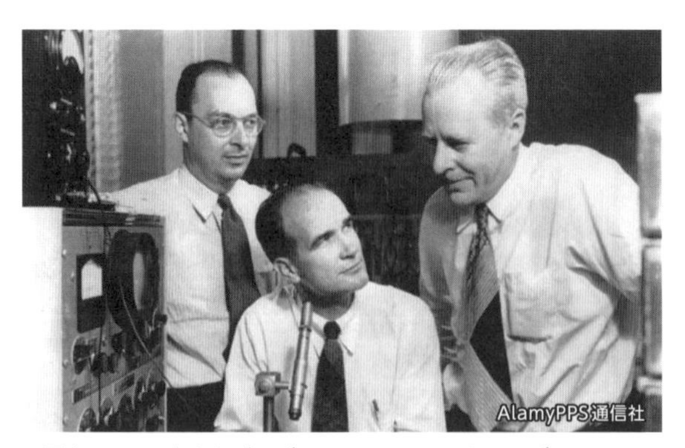

写真2－1　左からバーディーン、ショックレー、ブラッテン

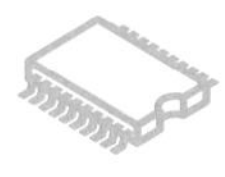

トランジスタの動作原理

―― ショックレーが発明した接合型トランジスタ

前節で説明したように、トランジスタを発明したのはショックレー、バーディーン、ブラッテンの3人です。しかし、最初に増幅現象を見つけた実験を行なっていたのはバーディーンとブラッテンの2人だけで、ショックレーは所用で外出していて実験の現場には居合わせませんでした。

このことがよほど口惜しかったようで、ショックレーは翌日から自室に引きこもったままトランジスタの動作原理の理論をわずか1ヶ月で解明してまとめました。さらにその理論に基づいて実験で成功したのとは異なる「接合型」と呼ばれる構造のトランジスタを提案します。

ショックレーはこの時の研究成果を論文にまとめて発表するとともに、1950年には有名な『Electrons and Holes in Semiconductors』と題した本を出版しました。この本は日本でも半導体研究者・技術者たちのバイブルとなります。

ショックレーが発明した**接合型トランジスタ**は、図2－3(a)に示すように、p型－n型－p型またはn型－p型－n型の半導体をサンドイッチ状に接合した構造をしています。これに対して最初の実験で確認されたトランジスタは、63ページの図2−2に示したような半導体結晶に金属の針を2本接触させた構造で、点接触型トランジスタと呼ばれます。

接合型トランジスタが十分な増幅作用を行なうため、図2−3(b)に示すように**エミッタ領域の不純物濃度をコレクタ領域やベース領域よりも十分高くしておくことが重要です。**

図 2−3 ● 接合型トランジスタ

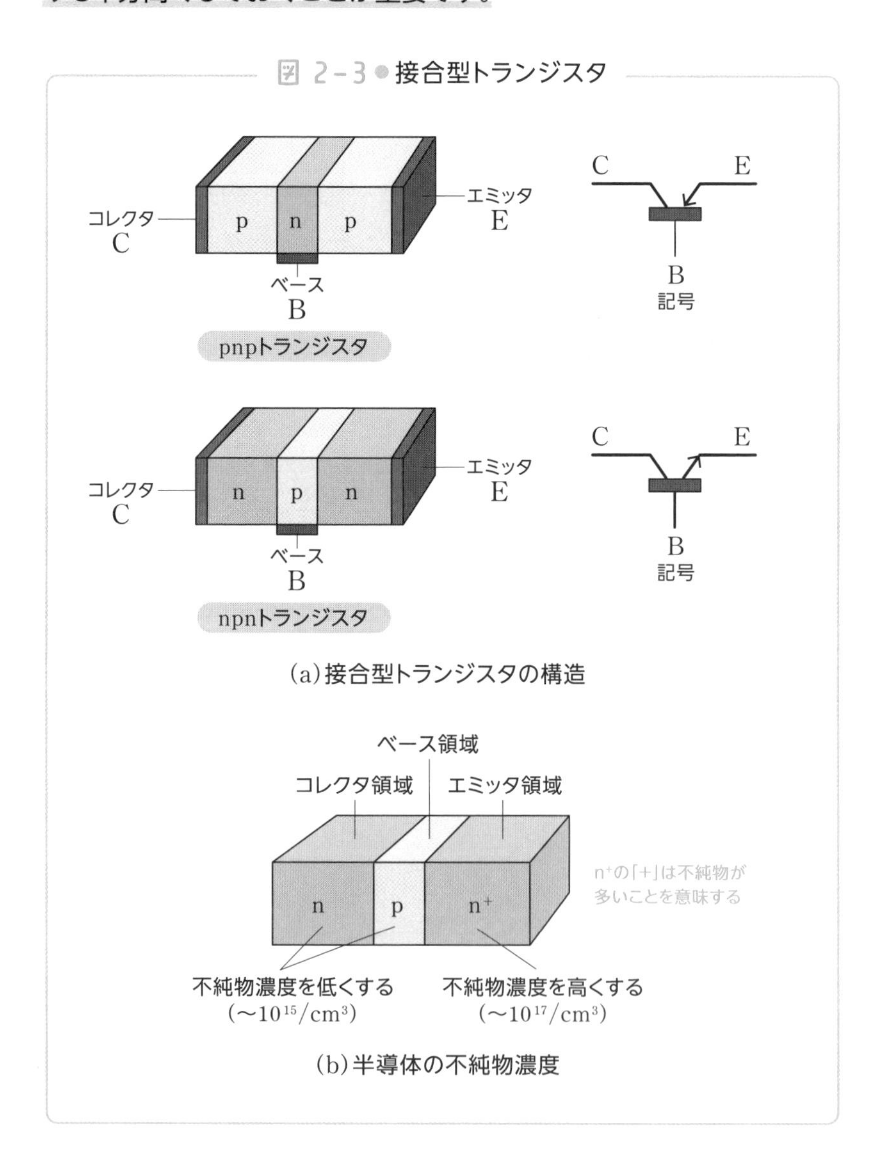

(a)接合型トランジスタの構造

(b)半導体の不純物濃度

具体的には、不純物原子の数をコレクタ領域とベース領域では$1cm^3$あたり10^{15}程度にしておき、エミッタ領域では10^{17}程度と2桁くらい多くします。ゲルマニウム（Ge）やシリコン（Si）結晶の原子数は$1cm^3$あたり約5×10^{22}ですから、不純物濃度はコレクタおよびベース領域で1000万分の1、エミッタ領域で10万分の1程度にします。

ここでトランジスタの動作原理を接合型トランジスタで説明しましょう。

図2−4はnpn型の接合型トランジスタの動作原理を示した図で、真ん中のp型領域がベース（B)、両端のn型領域がそれぞれコレクタ（C）とエミッタ（E）です。ここでエミッタを接地して($V_E=0$)、コレクタに正の電圧（$V_C \geqq 0$）を加えます。

ベースに正の電圧（V_B、ただし$V_C \geqq V_B \geqq 0$）を加えると、ベース・エミッタ間は順バイアスになってベース電流（I_B）が流れます。すなわち、エミッタ領域のn型半導体の多数キャリアである電子が、ベースの正電圧に引かれてベース領域に流れ込み、これがベース電流になります。この時ベース領域の幅をきわめて狭く（50μm以下）にし

図 2−4 ● トランジスタの動作原理

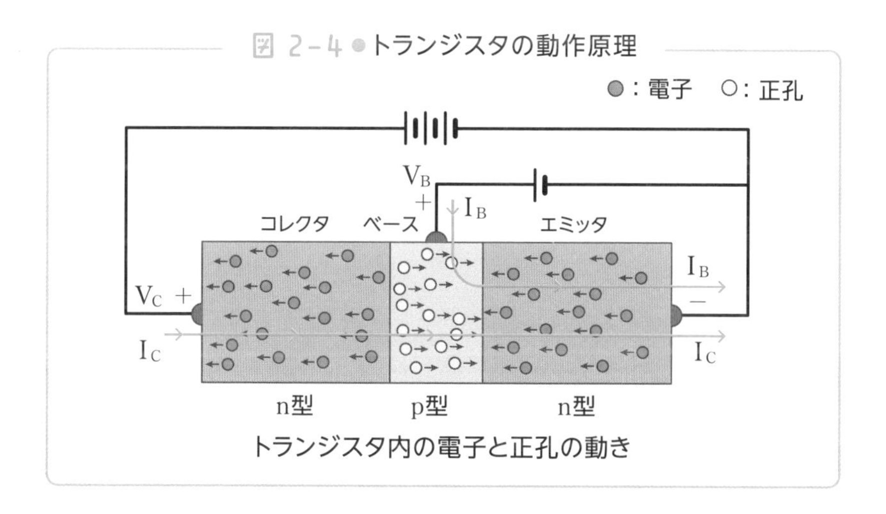

トランジスタ内の電子と正孔の動き

ておくと、ベース領域に流れ込んだ電子の大部分（例えば95％以上）がコレクタの正電圧（V_C）に引っ張られてコレクタ・ベース間の接合面を突破し、コレクタ領域に流れ込みます。これがコレクタ電流I_Cになります。

この時、エミッタからベース領域に流入した電子の一部はベース電流となりますが、これはごく一部（5％以内）で、残りのほとんど（95％以上）はコレクタに流れ込んでコレクタ電流になります。これがトランジスタの原理の一番大切なところです。

このベース電流とコレクタ電流の比は一定なので、トランジスタに流れる電流の5％以下で残りの95％を制御することになります。つまりベース電流の増減でコレクタ電流を制御できることになります。これがトランジスタの基本的な原理です。

一方、ベースに電圧を加えない（$V_B=0$）場合は、コレクタ・ベース間が逆バイアスになるのでトランジスタには電流がまったく流れません。

このトランジスタの動作原理を抵抗を用いた等価回路で説明したのが図2−5です。

図の(a)のようにトランジスタを可変抵抗Rで置き換え、Rの値がベース電圧V_Bで変化すると考えます。ここで図の(b)のように、ベースに電圧を加えない（$V_B=0$）場合は$R = 1M\Omega$ときわめて大きな値となり、トランジスタには電流がほとんど流れません（$I_C = 0$）。つまりトランジスタはOFF状態（遮断状態）になります。その結果トランジスタのコレクタ端子から得られる出力電圧V_Oはコレクタ側の電源電圧V_Cと同じ10Vになります。

図 2-5 ● 抵抗の等価回路で表わしたトランジスタの動作

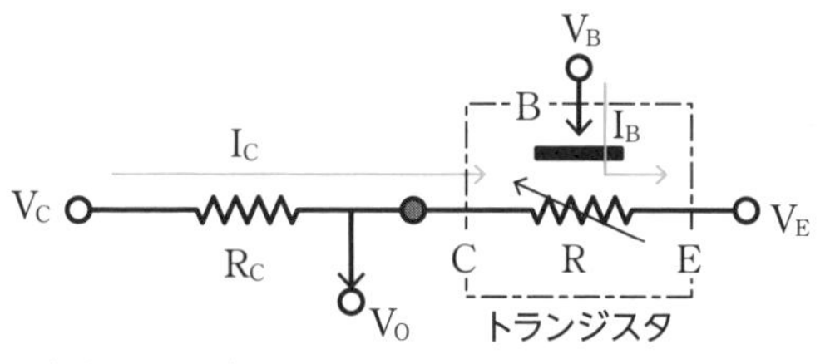

(a)トランジスタを抵抗器で置き換えた等価回路

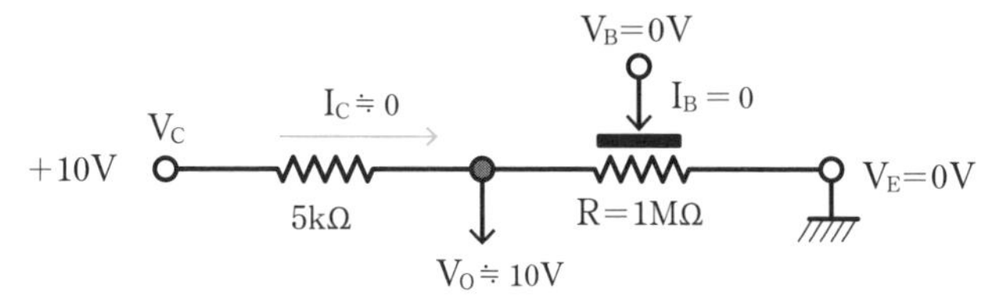

(b)トランジスタがOFF状態

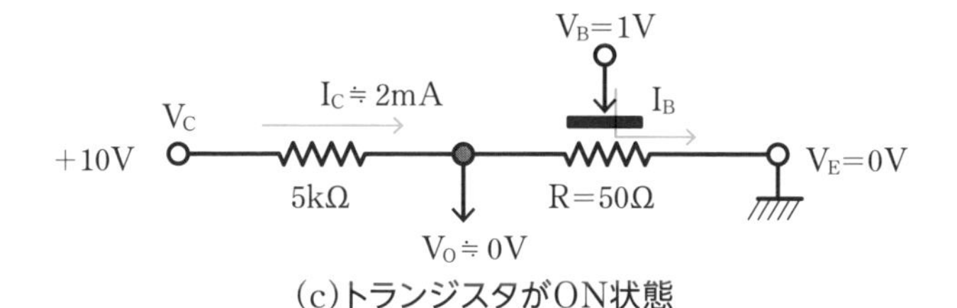

(c)トランジスタがON状態

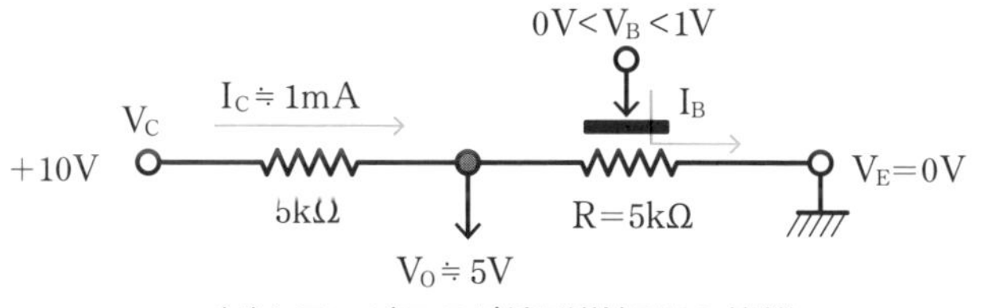

(d)トランジスタが線形増幅器の状態

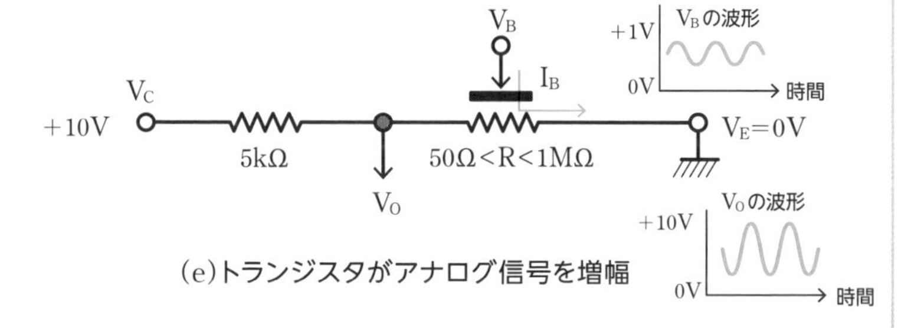

(e)トランジスタがアナログ信号を増幅

これに対して図の(c)のようにベースに電圧を加えた（V_B＝1V）場合、R = 50Ωという小さい値となってコレクタからエミッタに向けて電流が流れ（I_C = 2mA)、トランジスタはON状態（導通状態）になります。その結果、出力電圧はV_O = 0Vとなります。このように、ベースに加える電圧によって、トランジスタはスイッチとして働きます。

次に図の(d)のように、ベースに(a)と(b)の中間の値の電圧を加えます。するとRも(a)と(b)の中間の値となって（例えばR = 5kΩ)、I_Cも中間の値（1mA）となり、V_Oも中間の値（5V）をとります。この領域ではトランジスタが線形増幅器として働きます。

これを波形で示したのが図の(e)で、**入力信号としてベースに小さな電圧変化の波形を加えると、コレクタ側にV_Oとして大きな電圧変化の出力信号の波形が得られます。つまりアナログ信号の増幅器として動作するわけです。**

この半導体デバイスは、図2−5に示したような動作原理を表わす“Transfer（伝達・転送）＋Resistor（抵抗体）”の合成語として「Transistor（トランジスタ)」と命名されました。名付け親は同じベル研の情報理論で有名なピアス（J.R.Pierce）博士です。

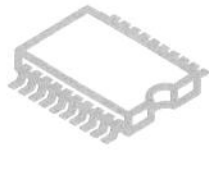

トランジスタの高周波化への取り組み

――拡散技術を使ったメサ型トランジスタの登場

トランジスタが発明され、企業もトランジスタの将来性に注目し始めました。

その中にあってトランジスタの商品化をリードしたのは、終戦直後の1946年に発足した日本の「東京通信工業」(通称「東通工」、現在の「ソニー」)でした。

子供の頃ラジオ少年だった「東通工」社長の井深は、トランジスタの将来性に着目し、これで携帯ラジオを作ろうと考えました。

そして井深は、ベル研が開発したトランジスタの特許を持っていたWE社と、ライセンス契約を結ぶことに成功します。

しかしながら、当時はラジオへのトランジスタの利用は現実的でないとされていました。なぜなら、その頃のトランジスタはラジオには使えないような低周波用しかなかったからです。

そこで、「東通工」は世界初のトランジスタラジオを作ろうと、トランジスタの高周波特性の改善に取り組みました。トランジスタをラジオに使おうとすると、中波(300kHz〜3MHz)の周波数で動作することが求められます。一方、当時の技術では1MHz程度以下の低周波用しか作られていませんでした。

高周波トランジスタを作るには、ベース層を薄くすることが必要です。

結晶の中を移動する電子や正孔の速度はあまり速くありません。ですからベースが厚いと、キャリアである電子や正孔がベース層を通過するのに時間がかかり、高周波信号の短時間の変化についていけません。

トランジスタを工業生産するには、第1に高純度の半導体材料を作り単結晶に成長させる技術、第2にその結晶に不純物元素をドーピングしてnpnまたはpnp構造を形成する技術が必要です。

第1の技術は、チョクラルスキー法（33ページの図1−6参照）で、高純度のゲルマニウム単結晶を製造することで実現しました。

一方、第2の技術に関しては、当時の接合型トランジスタの製法には「合金型」と「成長型」という2つの方法がありました。

合金型トランジスタは、図2−6に示すような構造です。製法はn型ゲルマニウム（Ge）の表面に13族（Ⅲ族）の元素インジウム（In）の小さな粒をのせて200℃に熱します。するとGe結晶中にInが溶け込んで、その部分がp型になります。

この方法で薄いn型Geの両面にInの粒を付けて熱するとpnpの3層構造ができて、pnpトランジスタになります。合金型トランジスタは作りやすいですが、ベースを薄くす

図 2−6 ● 合金型トランジスタ（pnp）

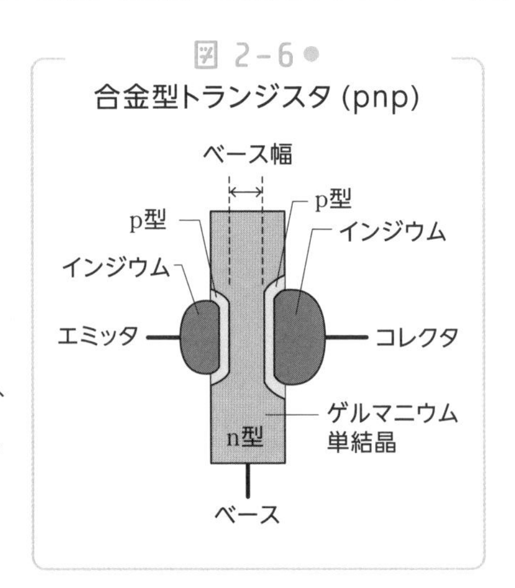

るのが難しく、高周波用のものはまだ実現していませんでした。

一方の成長型トランジスタは、図2−7に示すように、チョクラルスキー法を使う方法です。

15族（V族）の元素アンチモン（Sb）を投入してn型にしたGeをるつぼの中で溶かし、単結晶のタネをつけてゆっくり回しながら引き

図 2−7 ● 成長型トランジスタ（npn の例）

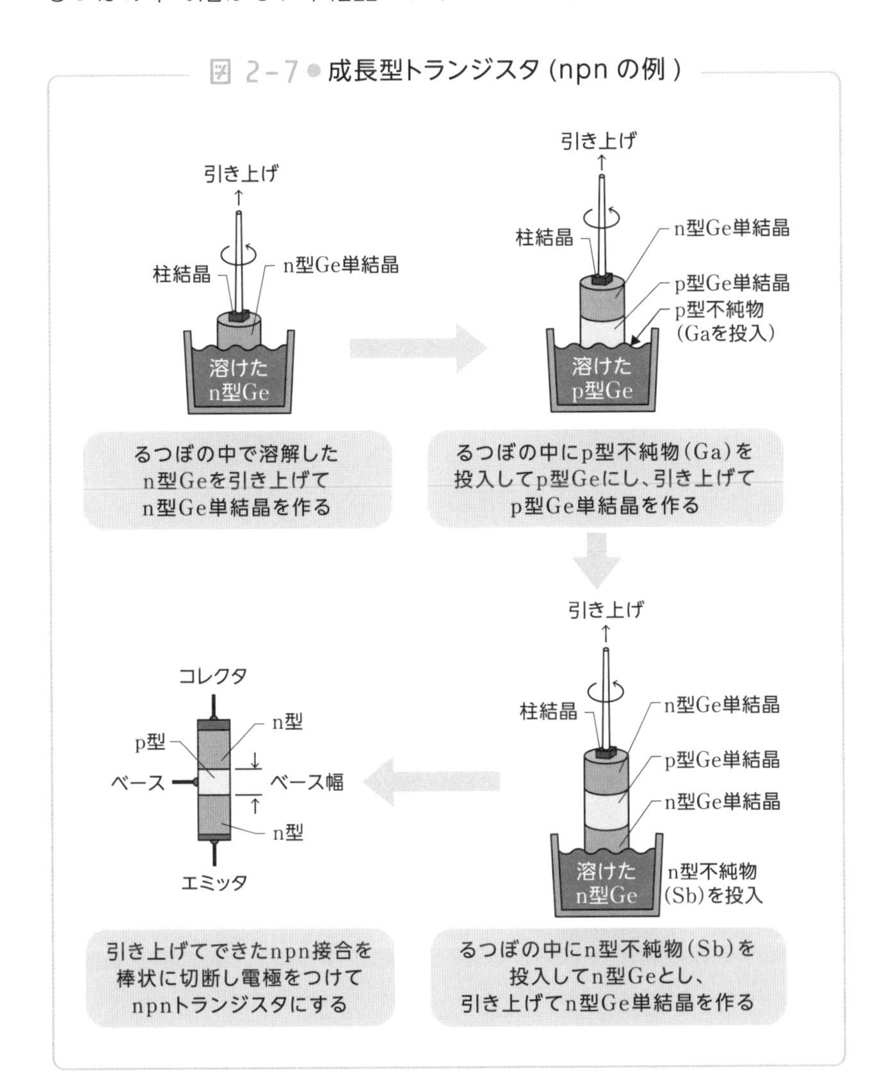

上げると、n型単結晶が成長します。

そこでまだ溶けている下の部分に13 族（Ⅲ族）のガリウム（Ga）を投入しp型にして引き上げ、次いで再びSbを投入してn型にして引き上げると、npnの3層構造を持つ単結晶ができます。それを切って電極を付けるとnpnトランジスタができます。

成長型トランジスタは、不純物をドーピングした結晶を引き上げるタイミングをうまくコントロールすることでベースを薄くして、高周波動作するものが作れます。しかし当時の生産技術では、歩留まりが悪い（不良品が多い）という課題がありました。

ラジオへの適用を考えていた東通工の技術者達は、高周波化に適した成長型に挑戦することにしました。

成長型の作り方を根本的に見直し、不純物の種類をアンチモン（Sb）からリン（P）に変えたり、投入する量を増やしたりするなどして実験を繰り返しました。その結果、動作周波数が1桁も向上し（20～30MHz）、しかも歩留まりも大きく上がったのです。

このトランジスタは1957年から1965年までに約3000万個が量産されて、トランジスタラジオの黄金時代を築き上げました。

さらに1955年頃になると、ベル研が開発したメサ型と呼ばれるトランジスタが登場しました。これは**拡散法**というまったく新しいテクニックを用いたトランジスタです。

図2－8に示すように、高温度の電気炉内で、n型不純物の蒸気中にp型のGe結晶板を置きます。すると不純物原子は、Ge結晶の表面に付着して、少しずつ結晶内に浸み込んでいきます。

これが拡散現象で、不純物原子の濃度、温度、処理時間を調節する

図 2-8 ● 拡散法

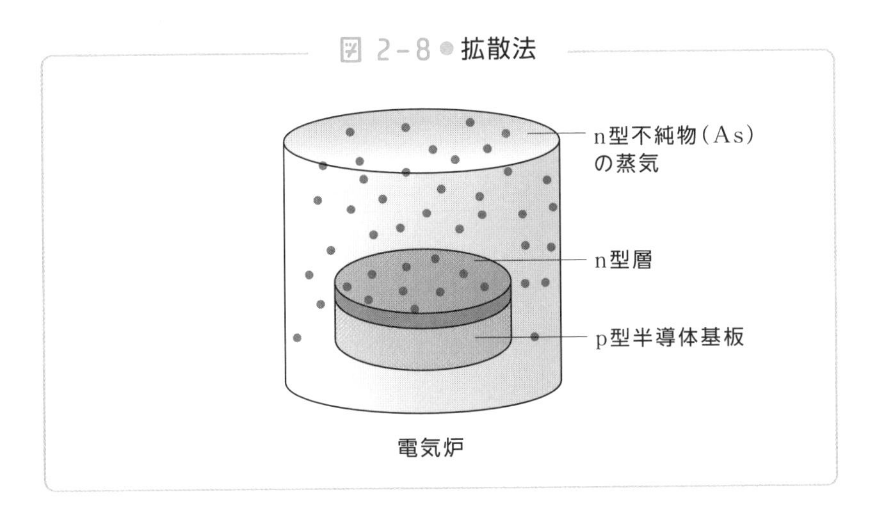

と、p型Ge結晶表面に厚さ1μm程度のn型層を作ることができます。この薄いn型層をベースにすればトランジスタの高周波特性を向上できます。

このn型層の上に同様にしてp型層を拡散し、pnpの3層構造を作ります。そして、最初のp型基板をコレクタ、薄いn型層をベース、最後に作ったp型層をエミッタとして電極を付ければ、図2−9に示すようなpnpトランジスタができます。

この時、最後のエミッタとなるp型層を作るには、ベースのn型層の一部の領域にだけ、p型の不純物を拡散させる必要があります。このように一部の領域だけを選んで不純物を拡散させることを「**選択拡散**」といいます。

図2−9に示すトランジスタの外形構造は、不要な部分をエッチングして除去しているため台形状となります。ですから、スペイン語で丘を意味する「メサ型」トランジスタと呼ばれるようになりました。

メサ型トランジスタはベース幅を1μm程度まで薄くできるため、

動作周波数が1桁以上も高くなり、数百MHzまで使えるようになりました。

　このメサ型トランジスタにより、ラジオより2桁も高い100MHz以上の周波数の電波を使っているテレビも、トランジスタ化への道が開けたのです。

図 2-9 ● メサ型トランジスタ

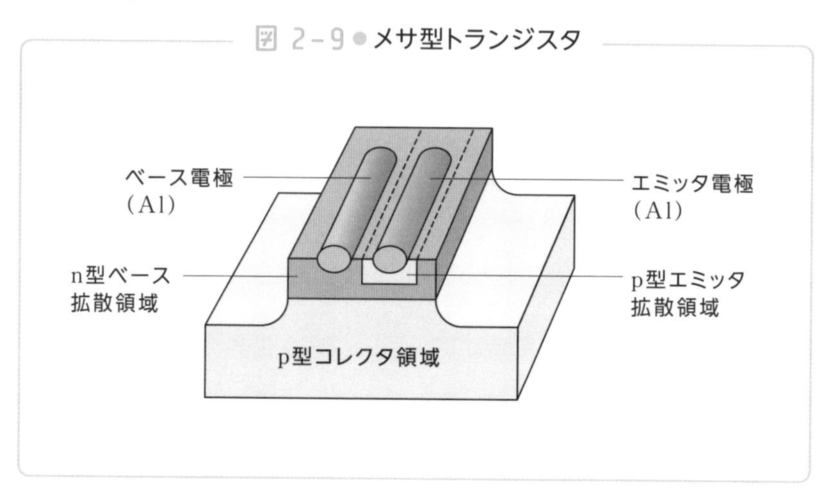

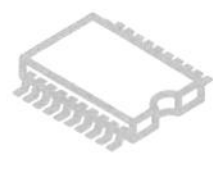

主役はシリコン(Si)トランジスタに

——高温、高電圧でも安定に動作するのが特長

ショックレーたちがトランジスタの実験に成功した時、半導体にはゲルマニウム（Ge）を使用していました。Geの方がシリコン（Si）よりも融点が低いため（Ge：958℃、Si：1412℃）、高純度の単結晶を作りやすかったからです。ですから1950年代の初期のトランジスタはほとんどがGeトランジスタでした。

しかし半導体材料として見た場合、GeよりもSiの方が優れています。ただその頃は高純度のSi単結晶が得られず、トランジスタとしては使えませんでした。

図2−10はGeとSiの主な特性を比較して示したものです。

この表の中で注目していただきたいのは「バンドギャップ」で、**Siの方がGeよりもバンドギャップの値が大きいことがわかります。**バンドギャップが大きいということは、半導体単結晶の中で自由電子や正孔ができるのに大きなエネルギーが要るということです（40ページ参照）。

ですから温度が上がったり高い電圧を加えたりしても、不要なキャリアが発生しません。つまりトランジスタに使った場合、安定に動作します。

Geトランジスタは温度が70℃以上になると正常に動作しませんが、Siトランジスタは125℃くらいまで使えます。またSiトランジスタの方が高電圧まで使えます。

一方図2－10を見て気づくのは、電子移動度の値はGeの方がSiよりも大きいことです。電子移動度とは結晶内で電子がどれだけ速く移動できるかを示す尺度で、移動度が速いほど高周波でも使えることを意味します。

したがってトランジスタの高周波化にはSiトランジスタよりGeトランジスタの方が有利です。そのため初期のメサ型トランジスタはGeで500MHz、Siで100MHzが動作周波数の限界でした。

図 2-10 ● ゲルマニウムとシリコンの比較

	ゲルマニウム(Ge)	シリコン(Si)
融点(°C)	938	1412
バンドギャップ(eV)	0.66	1.12
電子移動度(cm²/V･s)	3800	1300
正孔移動度(cm²/V･s)	1800	425

また**電子移動度と正孔移動度を比べると、電子の方が正孔よりも結晶内を高速で移動できることがわかります。**そのため電子を電流の担い手となるキャリアとするnpnトランジスタの方が、正孔をキャリアとするpnpトランジスタよりも高周波特性が優れています。

Geを用いた初期のトランジスタは、製造が簡単なことからpnpトランジスタが多く作られました。しかしSiトランジスタの時代になってからは、高周波特性が優れたnpnトランジスタが主流になっています。

最初の頃のGeトランジスタは熱に弱く、また高電圧には使えませんでした。しかし、Siトランジスタが実現すると、高電圧を扱うパワートランジスタとしても使えるようになりました。

東通工がトランジスタテレビの開発を開始した1957年は、ちょうどSiトランジスタが出始めた時期です。

テレビはブラウン管を使うので、水平・垂直偏向など高電圧を取り扱えるトランジスタが必要です。さらに周囲温度も高くなるので、高温に耐えるトランジスタでなければなりません。そのような回路にはSiトランジスタが必要になります。

そこでソニー（1958年1月に東通工から社名変更）ではベル研の資料を参考に、Siパワートランジスタの開発を進めました。

パワートランジスタ開発の問題の1つは、Siトランジスタのコレクタ部分の抵抗値が大きすぎるので、大きな電流を流すと発熱してしまうことです（図2－11(a))。

Si結晶のコレクタ部分は不純物濃度を高くできないので、結晶自体の抵抗値が大きくなります。抵抗値を下げるためにコレクタ部を薄くすると機械的な強度がもたないし、面積を大きくすると歩留まりが悪

図 2-11 ● エピタキシャル層を用いたシリコントランジスタ

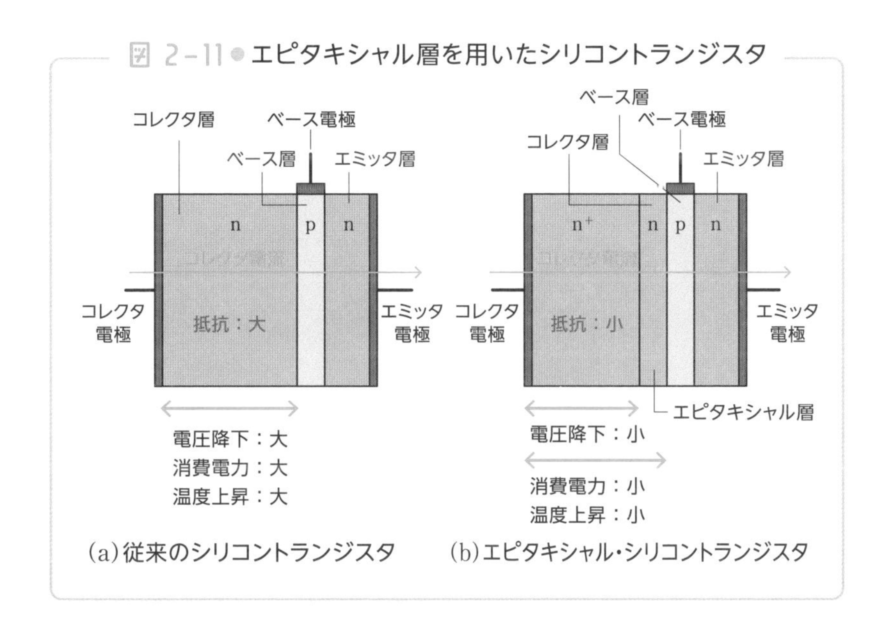

(a)従来のシリコントランジスタ　(b)エピタキシャル・シリコントランジスタ

くなります。構造を工夫して放熱効果を高めることによって対処しても限界があります。

そこでソニーの技術者が注目したのが、同時期にベル研が開発したエピタキシャル技術です。これは基板上に結晶面が揃った薄膜結晶を新たに成長させる方法です（図2−12）。

ただし**エピタキシャル成長**ができる薄膜結晶は、基板の結晶と**格子定数**が近いことが条件です。例えば、不純物濃度を高くして抵抗率を低くしたSi結晶の上に、不純物濃度の低い（抵抗率が高い）Si結晶の層をエピタキシャル成長で形成させることができます。中に含まれる不純物の量は違っても、両方ともSi結晶ですので格子定数は同じと見なせます。

npnトランジスタの動作原理を考えると、エミッタ層から流れ込んだ電子がベース層を通ってコレクタ層に流れて、初めて増幅作用が起こります。

高周波トランジスタではこの時間をいかに短縮するかが重要です。それには72ページで述べたように、まずベース層を薄くして電子が短時間で通過できるようにすることが大切です。しかしそれだけでは

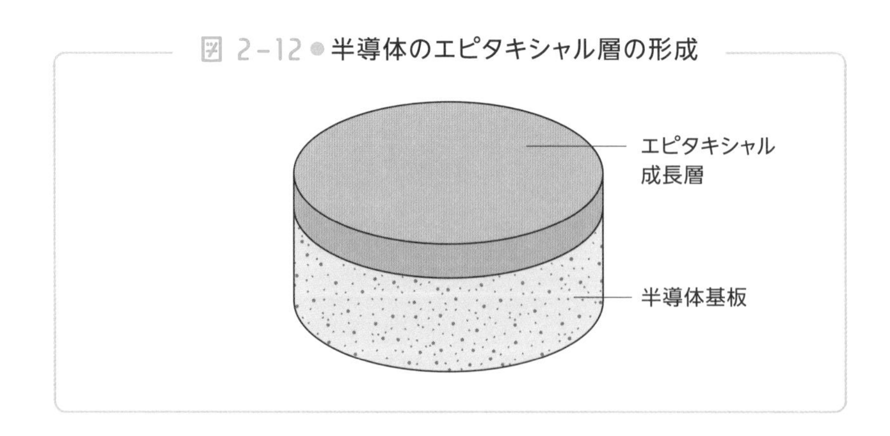

図 2−12 ● 半導体のエピタキシャル層の形成

なくコレクタ層も重要です。

コレクタが厚い基板の場合は、電子がコレクタを通過する時間が長くなります。だから、コレクタ層を薄くするためにエピタキシャル層を利用して、基板上に作った薄いエピタキシャル層をコレクタにします（図2−11(b)）。

ソニーの技術者は、このエピタキシャル技術を使うことで、Siトランジスタの発熱問題を解決しました。トランジスタテレビを作る上での第2の難問が解決されたわけです。この時ソニーが開発したトランジスタは、本家のベル研をしのぐ高性能を示したといわれています。

図2−13はエピタキシャル・メサ型トランジスタの断面図です。これはSiメサ型トランジスタのコレクタ部分にエピタキシャル技術を用いています。

Siトランジスタでは、このように基板側にコレクタが形成され、基板の裏側に電極を設けてコレクタ電流を取り出します。コレクタ電流を効率よく取り出すためには、基板の抵抗が低い方が良いため、不純物を多く入れて低抵抗にした基板を使います。

図 2-13 ● エピタキシャル・メサ型トランジスタ

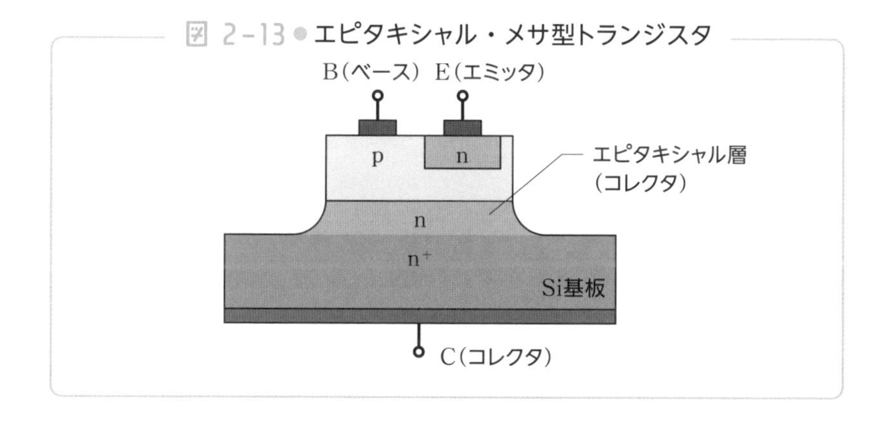

しかし、このようなn^+基板に直接トランジスタを作ることはできません。コレクタが高濃度になると、トランジスタが電圧に耐えられなくなるからです。

だから、高不純物濃度（低抵抗）の基板の表側に、低不純物濃度（高抵抗）の薄い（数十μm程度）エピタキシャル層を成長させてコレクタ層とします。さらに、そこにベース領域とエミッタ領域を作ってトランジスタを作製します。

これがエピタキシャル・トランジスタです。このようなエピタキシャル技術は、第3章で説明するIC・LSIの発展にも欠かせない技術です。

2-5

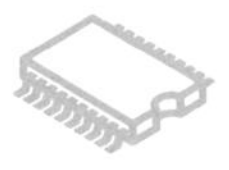

画期的なプレーナ技術

――ICやLSIにも欠かせない技術

シリコン（Si）は放置しておくと空気中の酸素と結合して表面に酸化膜（SiO_2）ができます。Siと酸素の結合エネルギーは大きいので、この酸化膜は安定しています。また、**この酸化膜は、電気を通さない絶縁体です。**

ベル研では1955年頃からこのSi酸化膜に着目し、これがSiトランジスタを作る際の選択拡散のマスクに使えることを見出していました。

76ページの図2−9に示したメサ型トランジスタの構造を見ると、エミッタ・ベース接合およびベース・コレクタ接合の部分が露出しています。接合領域が露出していると表面が汚染されやすくなり、性能低下や故障の原因になります。

フェアチャイルド社のヘルニ（J.A.Hoerni）は、チップの表面全体をSi酸化膜で覆っておけばこの問題は防げると考え、図2−14に示す構造のプレーナ型トランジスタと呼ばれるSi接合型トランジスタの製法を開発しました（1959年）。

Si基板をトランジスタのコレクタとし、この表面をSi酸化膜で覆います。そしてこの酸化膜を、必要な場所に不純物を拡散するためのマスクとして用いる技術です。このマスクに孔を開けて、そこから基

図 2-14 ● プレーナ型トランジスタの構造

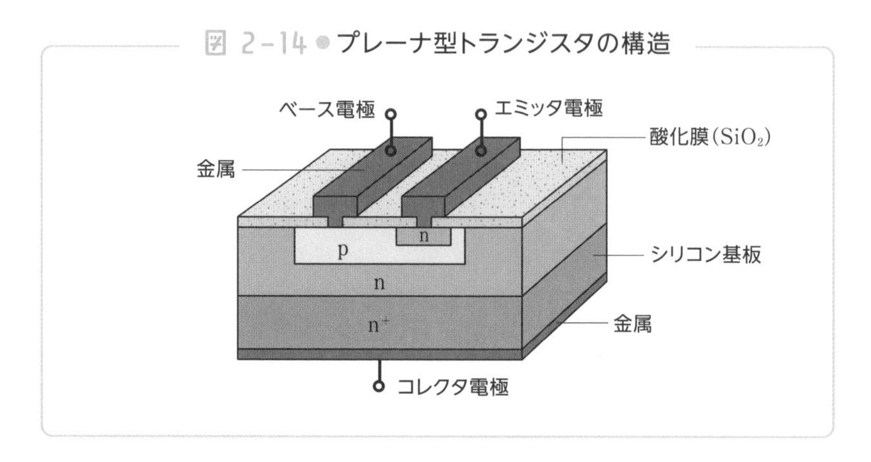

板に不純物を拡散（ドーピング）してベース、エミッタを形成し、最後に結晶表面全体をSiO_2膜で覆って電極を付ければトランジスタが完成します。

この工程の詳細は、本章の7節「半導体素子の作り方（1)」8節「半導体素子の作り方（2)」で説明します。

このようにして作られたトランジスタは、図2－15に示すように、メサ型（図の(a)）が台形状をしているのに対し、図の(b)のように平坦（プレーン）な構造をしているため**プレーナ型**と呼ばれます。

図 2-15 ● メサ型トランジスタとプレーナ型トランジスタ

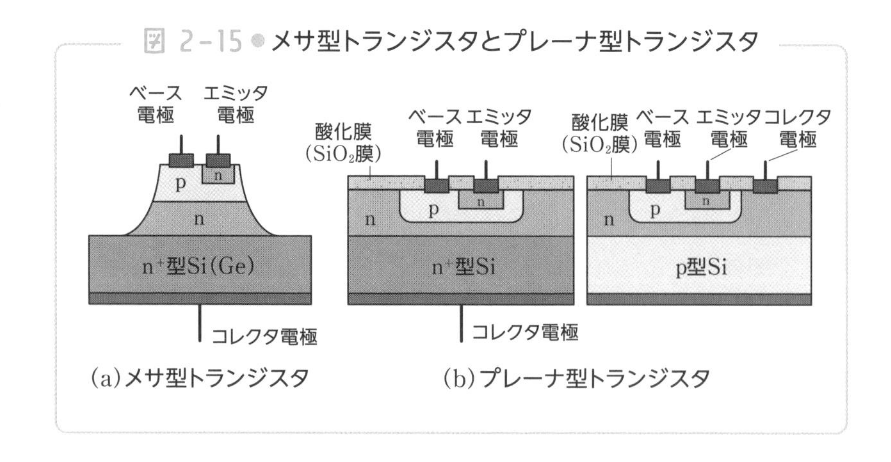

(a)メサ型トランジスタ　(b)プレーナ型トランジスタ

図の(b)に示したプレーナ型トランジスタのうち、左側の図ではコレクタ電極はSi基板の底から取り出すようになっています。ただ近年の多くの基板はp型で、通常は右側の図のようにコレクタ電極も基板の上面から取り出すように作られます。すべての電極が基板上面にあるのは、後のICやLSIを作る上で重要なことです。

これは基板上にエピタキシャル層を成長させたもので、エピタキシャル・プレーナ型トランジスタと呼ばれて広く使われるようになりました。

このプレーナ技術は半導体史上画期的な技術といえるもので、1枚の基板の上に多数のトランジスタを同時に作れるという特長があります。合金型や成長型の接合トランジスタが1個1個手作業で作られていた（72ページ参照）のに比べると大きな違いです。

これによってトランジスタの量産技術が確立されました。さらにこの製法はSi表面に形成されるpn接合の境界部分をSiO_2膜で覆う構造になっています。だから、外部から侵入してくる水分や汚染物質を防ぐことができて、信頼性を大幅に向上できました。

接合部分はトランジスタの生命線ともいえる大切なところで、この部分が変化したり壊れたりしやすくてはトランジスタの寿命が短くなってしまいます。

さらに**後で述べるMOSFETもプレーナ技術を用いることで実現できました（86ページ参照）。また、その後のIC、LSIもプレーナ技術がなければ実現できなかったといえます。**

この革命的な技術は基本的にはベル研の発見の延長ですが、技術の偉大さと特許としての意義は絶大でした。フェアチャイルド社はこれによって急速に発展し、さらに同社のノイス（R.N.Noyce）によるICの発明（3−4節参照）へとつながりました。

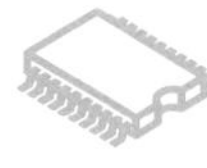

2-6 今は主役のトランジスタ：MOSFET

―― IC・LSIに使われる現在の主役

本章の2－2節で述べたように、最初に実用化されたトランジスタは接合型トランジタで、初期の点接触型トランジスタとともに**バイポーラトランジスタ**と呼ばれる種類です。

これに対して**電界効果トランジスタ**（FET：Field Effect Transistor）と呼ばれるトランジスタがあります。これを、金属（Metal）－酸化膜（Oxide）－半導体（Semiconductor）という構造で作ったのが**MOSFET**です。

図2－16はそのMOSFETの構造を示したものです。MOSFETはp型Si基板の表面付近に形成されます。

図 2-16 ● MOSFET の構造 (nMOS)

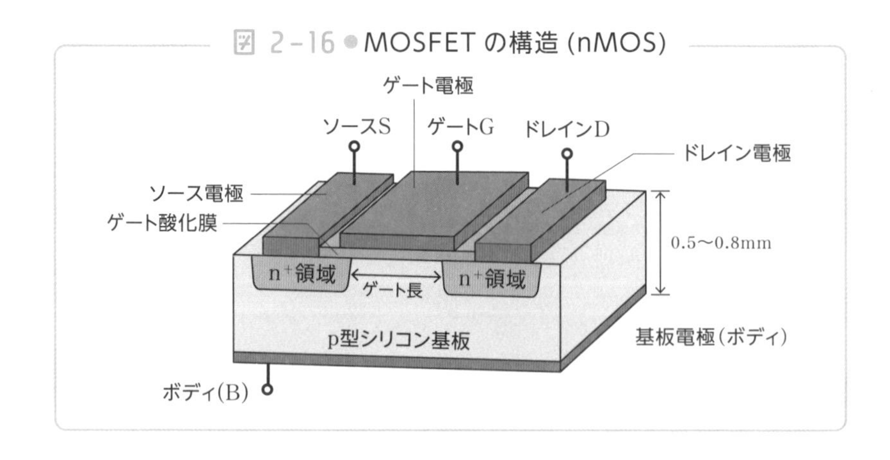

3つの端子があり、中央部が**ゲート**（G）、ゲートの左と右にソース（S）と**ドレイン**（D）が配置されます。ゲート領域はp型で、**ソース**領域とドレイン領域はn型です。

ゲート領域はソース領域とドレイン領域の間にあって、Si基板の表面に形成した薄いSi酸化膜をはさんで、金属の電極が置かれています。ただ、現代のMOSFETのゲートは、Metal（金属）ではなく、高濃度にドープして抵抗を下げた、多結晶のシリコンが使われることも多いです。

基板（ボディ，B）にも電極が付けられ、通常はソースとつながれるか、もっとも電圧が低い電源に接続されます。なお、この「ボディ」は「バックゲート」や「バルク」、「サブ」などと呼ばれることもあります。

図2−17はMOSFETの動作原理を説明したものです。図の(a)に示すように、p型Si基板の多数キャリアは正孔ですが、少数キャリアとして電子も存在します。ソース領域とドレイン領域のn型Siの部分では多数キャリアは電子です。

ここで図の(b)のように、ドレインをプラス、ソースとゲートにマイナスの電圧を加えます。この時、ドレインとソースの間にはp型半導体があってこのpn接合が逆バイアスとなります。よってソースからドレインへ向かって電子が移動することはできず、電流は流れません。つまりMOSFETはOFF状態です。

次に図の(c)のように、ゲートにプラスの電圧を印加するとどうなるかを考えてみます。

ゲートにプラス電圧がかかると、ゲート直下のp型半導体内の正孔はプラス同士の電気の反発で結晶内部の方へ移動しています。そして、

図 2-17 ● MOSFETの動作原理

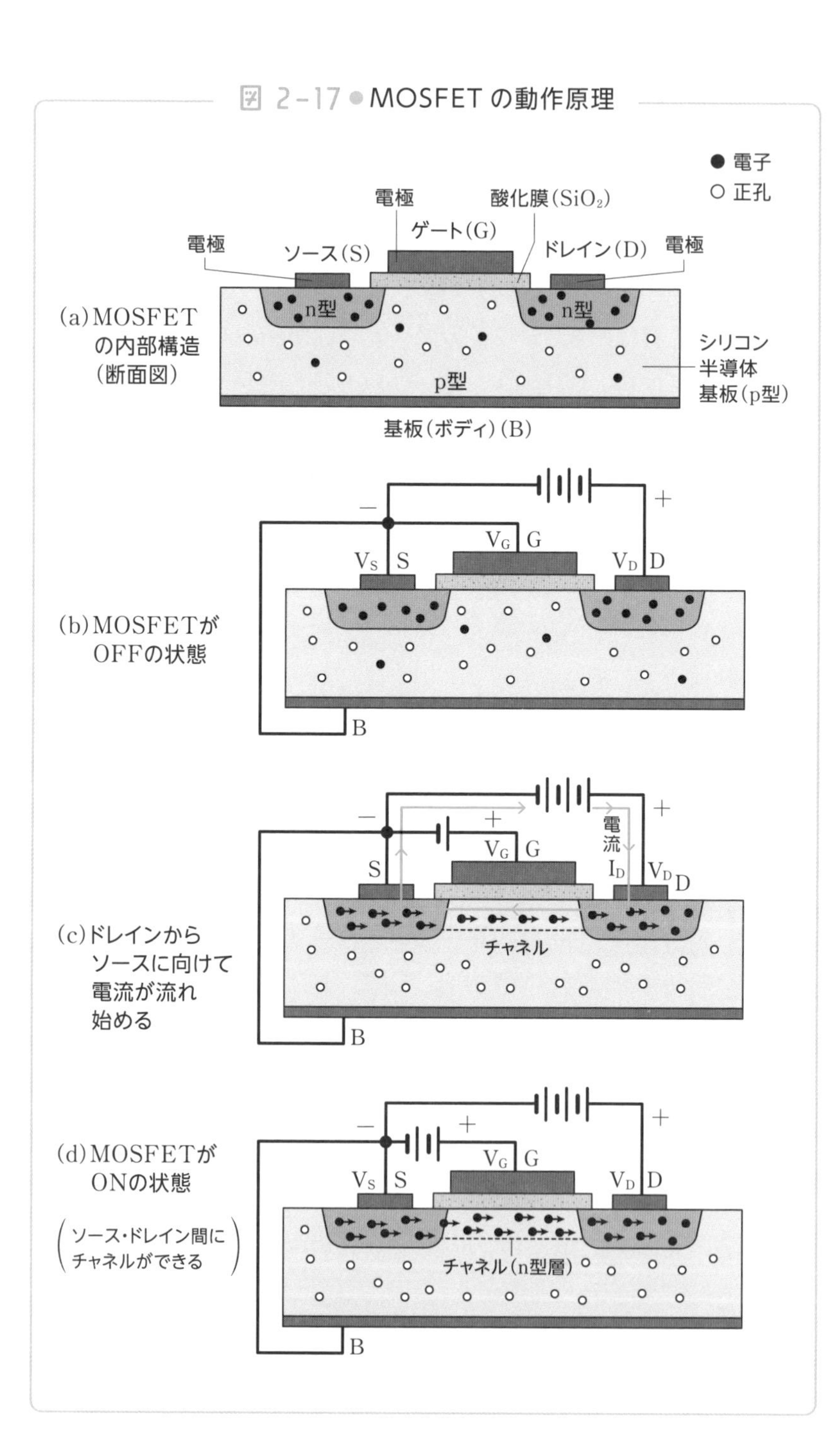

結晶内にある少数キャリアの電子がプラス電気に引き寄せられてゲート領域の結晶表面に移動します。ただし、ゲート電極との間には絶縁体（SiO_2膜）があるので電子は結晶表面付近に留まります。

さらにゲート電圧を上げていくとこの現象は顕著になり、**引き寄せられた電子によってゲート直下のp型半導体はn型に反転してしまいます。**

その結果、ゲート直下に新しくできたn型領域によってソース領域とドメイン領域のn型半導体がつながり、電子の通り道（**チャネル**）が形成されます（図の(d)）。

これでソースからドレインへ電子が移動できるようになり、ドレインからソースへ向けて電流が流れます。つまりMOSFETがON状態になります。

図2−17(c)において、ゲート電圧が低すぎるとゲート直下に十分な電子を集めることができないため、ドレイン電流は流れません。ゲート電圧をある値以上にすると、急激に集まった電子の数が増えてドレイン電流が流れ始めます。

ドレイン電流が流れ始める時のゲート電圧の値を「**しきい値電圧V_{th}**」といいます（図2−18）。MOSFETをスイッチング素子として使用する場合、図2−19に示すように、ゲート電圧V_Gをこのしきい値電圧V_{th}より高くするか低くするかでMOSFETをON、OFFさせます。

図の(d)のようにして新しく形成されたチャネルは、ゲート電圧V_Gの大きさによって厚さが変わります。**ゲート電圧を高くすればチャネルが厚くなり、ドレインからソースへ流れる電流が大きくなります。**

図 2-18 ● MOSFET のドレイン電流としきい値電圧

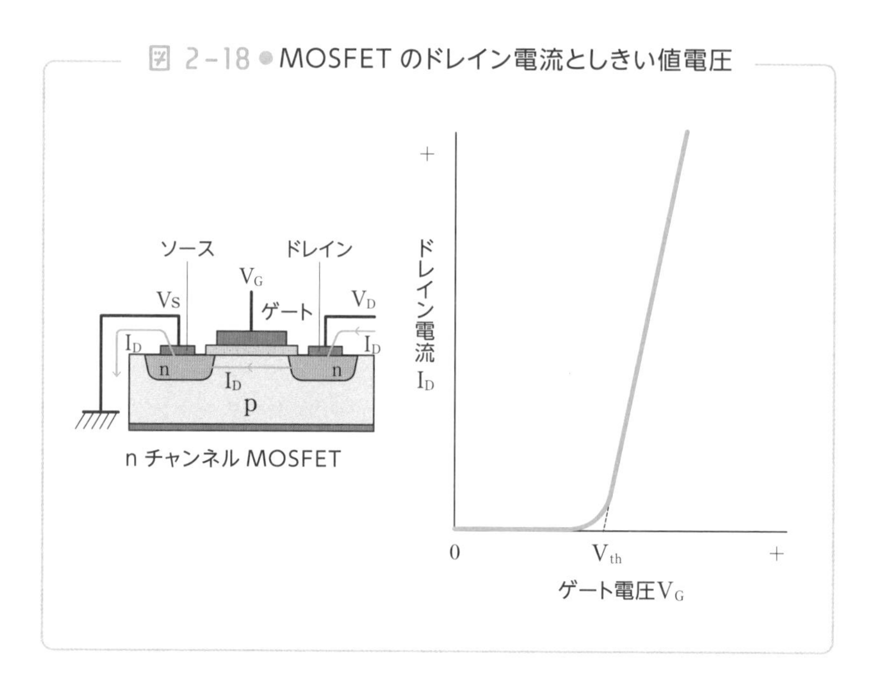

図 2-19 ● MOSFET のスイッチング動作

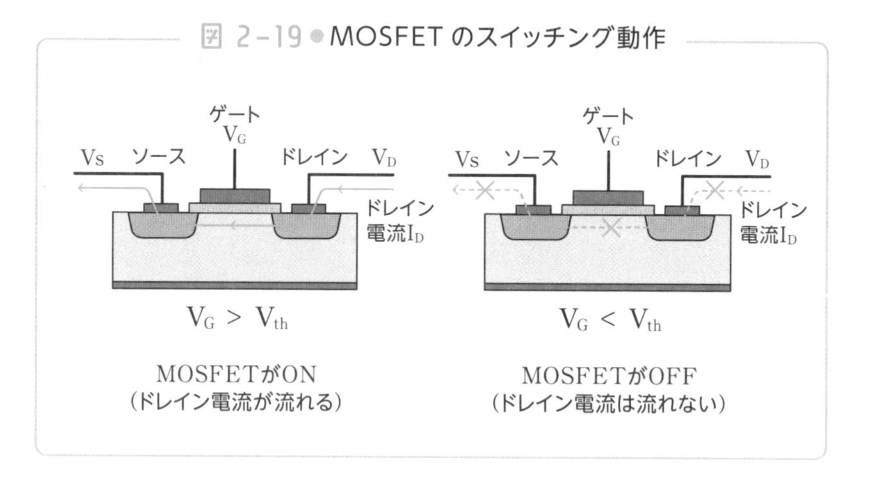

この状態では、図2−18に示すように、ドレイン電流I_Dの大きさはゲート電圧V_Gの大きさに比例して変化します。わずかなゲート電圧の変化が大きなドレイン電流の変化になるので、アナログ信号の増幅器として利用できます。

67ページの図2−4で説明した接合型トランジスタでは、ベース（B）とエミッタ（E）間に電流を流してコレクタ（C）電流を制御します。

それに対してMOSFETでは、ゲート(G)とソース(S)間に電圧を加えてドレイン(D)電流を制御します。**SiO_2膜があるため、ゲートは電圧を印加するだけで電流はまったく流れません。そのため消費電力が少ないのが特長です。**

MOSFETの3つの端子は、ソース（S：Source）、ゲート（G：Gate）、ドレイン（D：Drain）と接合型トランジスタとは異なる名称が付けられています。

これはMOSFET（一般にはFET）の動作と、水門を通る水路とのアナロジーからきているからだと思われます。

MOSFETは図2−20に示すように、水源（ソース）から排水溝（ドレイン）に向かって水が流れる水路（チャネル）の途中に、水門（ゲート）がある構造に対比されます。

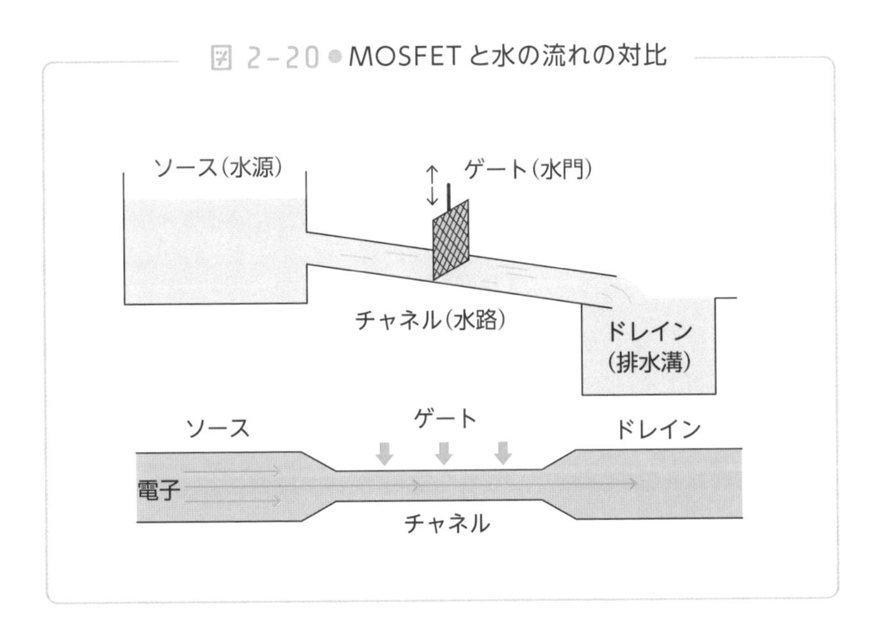

図 2-20 ● MOSFETと水の流れの対比

水門を閉じれば水は流れなくなり（OFF）、水門を開けば水は自由に流れることができます（ON）。これがFETにおけるキャリアの流れと似ているということです。

図2−17で説明した構造のMOSFETは、ゲート直下にできるチャネルがn型であるため、nチャネルMOSFET、あるいは**nMOS**と呼ばれます。

Si基板をn型に変えて、他の部分もnとpを逆にします。すると電子から正孔にキャリアが入れ替わり、同様の動作をするMOSFETになります。これはチャネルがp型になるため、pチャネルMOSFET、**pMOS**と呼ばれます。

MOSFETはnMOSもpMOSも、どちらの構造でも作られます。ただ、**nMOSがゲート電圧をプラスにした時にONするのに対し、pMOSはチャネルが正電荷のためゲート電圧をマイナスにした時にONになることに注意してください。**また、電子移動度の方が正孔移動度よりも大きいため、高周波動作はnMOSが有利です。

また図2−16、図2−17をよく見ると、ゲートを挟んでソースもドレインも同じ構造で対称に配置されていて、どちらがドレインでどちらがソースか構造上は決まりません。決めるのは電圧です。

nMOSでは電圧が低い方がソースとなり、pMOSでは電圧が高い方がソースとなります。これは回路の動作状態によってソースとドレインが入れ替わることがあることを意味します。バイポーラトランジスタではエミッタとコレクタの構造が違って、入れ替えることはできません（入れ替えても一応動作はしますが、同じ性能が出ません）。MOSFETは構造が対象で、入れ替えることができるのが特徴です。

MOSFETの回路記号には、図2−21に示すようにいくつかの種類があります。

まず、(a)や(b)のような4端子を表現したもの、(c)や(d)のようにB端子を省略する場合もあります。

(a)(b)と(c)とでは矢印の向きが逆になっていることに注意してください。nMOSとpMOSとは矢印の向きで区別します。

(c)はバイポーラトランジスタ回路に慣れた人にとっては、npn、pnpとの対応でなじみやすいという利点があります。

その矢印を省略してpMOSにはゲートの前に○印を付けて区別するのが(d)です。(c)では矢印が付いているのがソースですが、(d)ではソースとドレインの区別もなくしています。

さらにnMOSとpMOSの区別もなくしたのが(e)です。

図2−21●MOSFETの回路記号

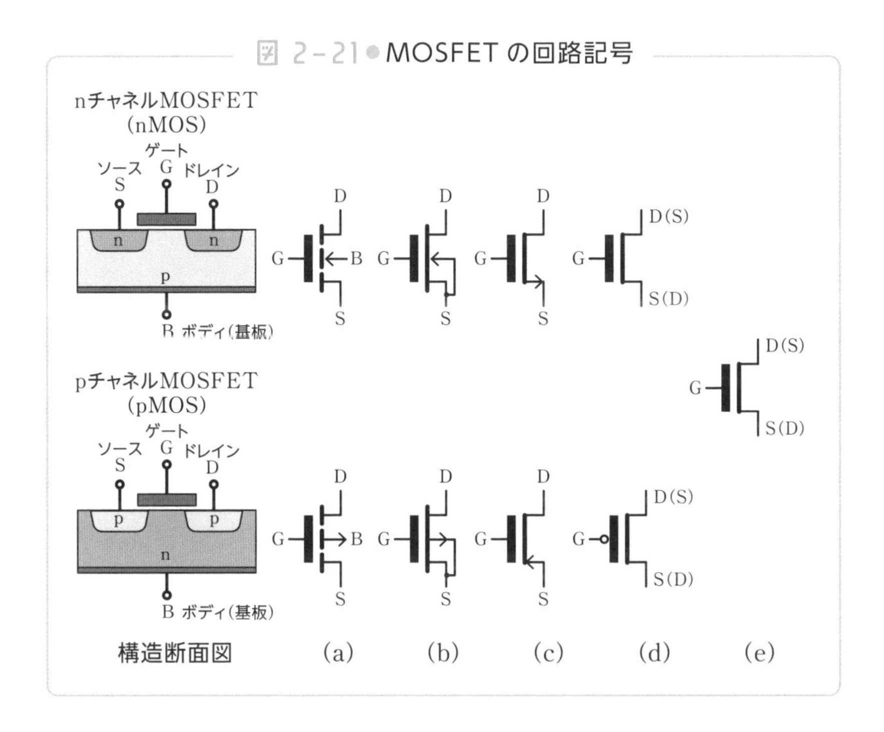

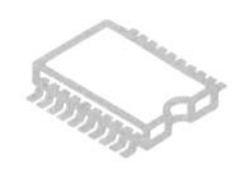

半導体素子の作り方(1)

—— 半導体基板に回路パターンを正確に描く技術

プレーナ型トランジスタなどの半導体素子は、Si結晶基板の必要な場所に不純物を拡散する技術と、必要な場所に絶縁体や金属の膜を付ける技術の組み合わせでできていることがわかります。

この「必要な場所に」が重要です。IC、LSIへと進むにつれて素子が小さくなると、「必要な場所」もどんどん小さくなります。しかも「必要な場所」はたくさんあり、前の工程と同じ場所とか、一定の距離だけずれた場所とか、位置の正確な関係も必要です。

この位置決めを行なう方法が**フォトリソグラフィー**です。具体的には、Si表面を覆っている酸化膜（SiO_2膜）に窓孔を開けて、そこからSi結晶に不純物を拡散させます。だから、窓孔の形状を正確に描き、正確な場所に位置させることが重要です。

フォトリソグラフィーとは、写真の技術を用いて半導体基板上に素子や回路のパターンを刻み込む技法で、ICやLSIを作る上で欠かすことができません。この工程を図2−22で説明しましょう。

(a) Si基板上にSiO_2膜を作ります。水蒸気を含む酸素中で加熱する、熱酸化などの方法が使われます。

(b) SiO_2膜の上に**フォトレジスト**（感光性の樹脂）を薄く一様に塗り、加熱して堅い膜にします。

(c) フィルムのような役割をする**フォトマスク**を用意します。そしてフォトマスクを使って、SiO_2膜に孔を開ける部分にだけ、フォトレジストに光を当てます。

(d) 光が当たったフォトレジストは分子構造が変わります。そして特定の溶剤に付けると、分子構造が変わった部分だけが溶けてなくなります（現像）。その結果、フォトレジスト層に孔が開いて下地のSiO_2膜が露出します。

(e) SiO_2膜に孔を開けるため、**フッ酸**（フッ化水素酸：フッ化水素（HF）の水溶液）でSiO_2を溶かします。フォトレジストの樹脂もSiもフッ酸には溶けないので、露出したSiO_2膜だけが溶けてなくなります。

(f) 最後にフォトレジストを溶剤で取り除きます。すると、SiO_2膜で覆われていたSi基板に、必要な部分だけ孔が開いてSi結晶が露出します。これで必要な領域にだけ、不純物を拡散できるようになります。

図2－22は1回の工程を示しています。トランジスタを1個作るだけでも、何回もフォトマスクをSi基板の上に当てて光を照射し、SiO_2膜に孔を開けて不純物を拡散するという操作を繰り返す必要があります。ただし、**フォトマスクでパターンを転写するので、1個作るのも100個作るのも手間は変わりません。**

LSIの時代になるとフォトマスクのパターンは複雑化・微細化し、(a)

図 2-22 ● フォトリソグラフィーの工程

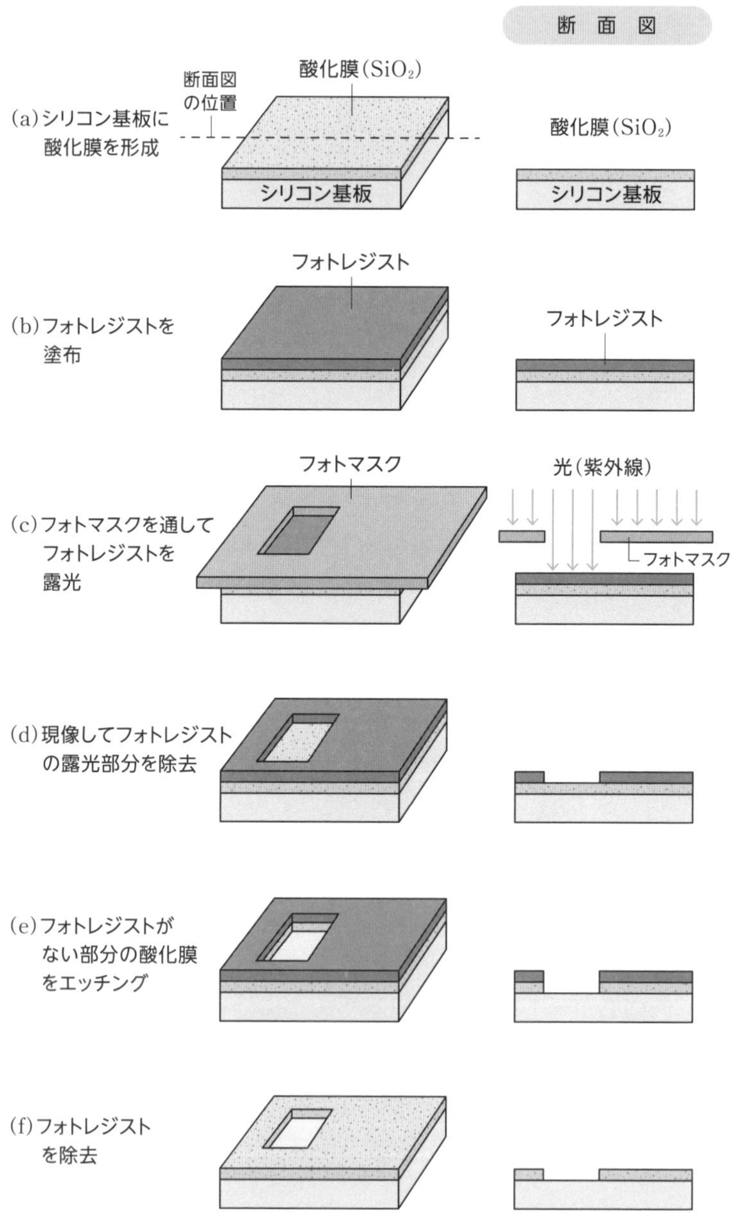

断面図

(a) シリコン基板に酸化膜を形成

酸化膜(SiO_2)
断面図の位置
シリコン基板
酸化膜(SiO_2)
シリコン基板

(b) フォトレジストを塗布

フォトレジスト
フォトレジスト

(c) フォトマスクを通してフォトレジストを露光

フォトマスク
光(紫外線)
フォトマスク

(d) 現像してフォトレジストの露光部分を除去

(e) フォトレジストがない部分の酸化膜をエッチング

(f) フォトレジストを除去

〜(f)の工程を何十回も繰り返さなければなりません。その際、フォトマスクをSi基板上の所定の位置に正確に合わせて持ってくることが重要です。

そこで登場したのが「**ステッパ**」（縮小投影露光装置）と呼ばれる装置です。

ステッパは図2－23のような構成になっていて、高圧水銀灯あるいはレーザーからの光をフォトマスクに照射します。

そして、投影レンズでフォトマスクに描いた図形パターンを1/4〜1/5程度に縮小して、ステージ上のウェーハに塗ったフォトレジストを露光します。

図2-23●ステッパ（半導体露光装置）の仕組み

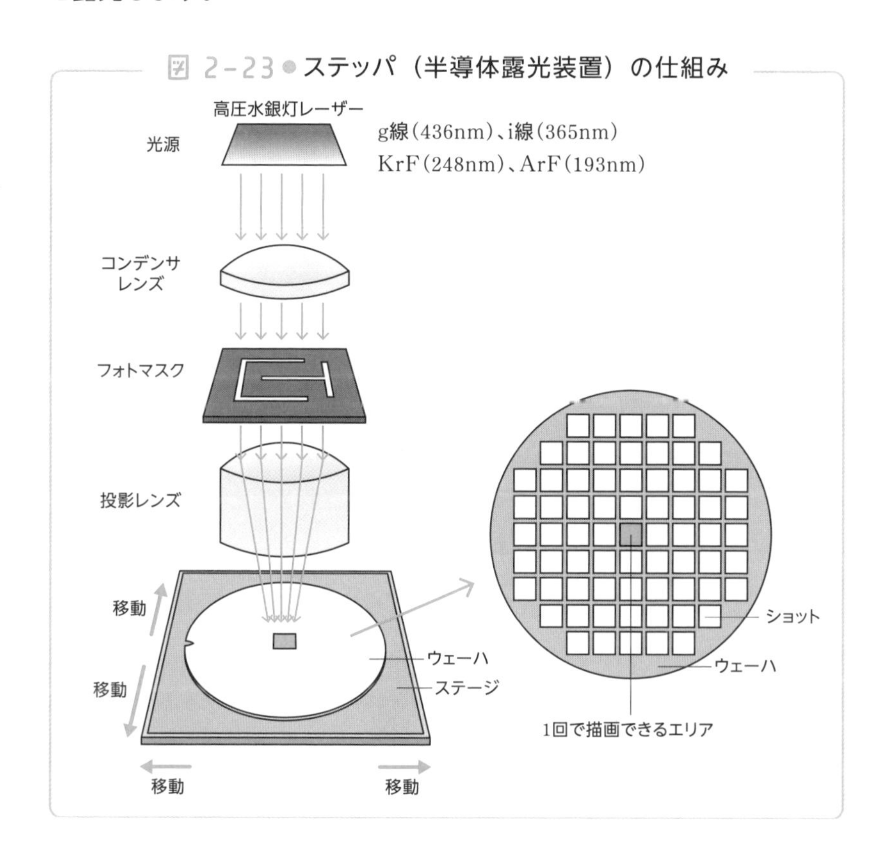

1枚のウェーハは20mm四方程度の数十個の「**ショット**」に分割されます。これが1回の照射で露光されるエリアになります。

ステッパは、1枚のウェーハ上で1個のショットの照射が終わると、すぐに次のショットの位置へステージを移動して、再び露光を繰り返します。この時、位置合わせ、重ね合わせの精度は数nmのオーダーが要求されます。また、先端の露光機は露光中に光源やステージを同時に動かせるため、さらに精密な動作が要求されます。この露光機は「**スキャナ**」と呼ばれます。

露光用の光の波長も重要なファクタです。ヘルニがフォトリソグラフィー技術を応用したプレーナ型トランジスタを発明した当時（1959年頃）の加工寸法は20～30μm程度、最初のLSIメモリが作られた頃（1970年）でも線幅は10μm程度でした。

それが2020年になると、最小線幅は5nm（0.005μm）程度までに細くなっています。狭い線幅を精度よく作るには、露光する光の波長を短くする必要があります。

初期では、超高圧水銀灯を光源に、**g線**（波長436nm）、紫外線の**i線**（365nm）が使われていました。微細化が進むにつれ、波長の短い光が要求されるようになり、**KrFエキシマレーザ**（248nm）、**ArFエキシマレーザ**（193nm）へと移行してきています。

さらに短い波長の光源として**EUV光**（波長13.5nm）も開発されています。そのような先端の露光機は非常に高価で、1機で数百億円するともいわれています。

微細加工のためには、フォトマスクにも光の位相を制御する精密な技術が用いられ、1枚で億単位の費用がかかります。

先端半導体は、人類が製造する構造物の中で、もっとも微細なものです。その構造を実現するため、高度なテクノロジーと多額のお金がかけられているのです。

2-8

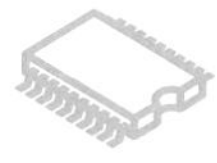

半導体素子の作り方(2)

——不純物を拡散してトランジスタを作る

次に、フォトリソグラフィーを使ってできたSiO_2の孔に対して、どのように不純物を所定の場所に拡散して、トランジスタが作られるかを図2−24で説明します。ここではnpn型のエピタキシャル・プレーナ型トランジスタを例にします。

図2−24の工程は**選択拡散法**といいます。これは不純物を入れたい場所を選んで表面の酸化膜に孔を開けておき、その場所にだけ不純物を拡散する方法です。

(g) コレクタになるn型のエピタキシャル層の表面にSiO_2膜が形成され、ベース層を作るための孔が開いた状態です。図2−22の(f)に対応します。

(h) ベース層をp型にするために、不純物としてホウ素(B)などのⅢ族の元素を含むガスを流し、SiO_2膜の孔を通してSi基板のエピタキシャル層に拡散します。

SiO_2膜は不純物元素を通さないので、これをマスクにすれば孔の開いた部分だけがp型になります。拡散の温度と時間を正確に制御してやれば、Si全体に不純物が広がることなく、狙った深さまで入るようにコントロールできます。

図 2-24 ● 選択拡散法によるトランジスタの作成

酸化膜 (SiO_2)　不純物拡散用の孔　酸化膜 (SiO_2)

n型エピタキシャル層

シリコン(Si)基板

(g)シリコン基板表面の酸化膜に
不純物拡散用の孔を開ける
(図2－22の(f)に対応)

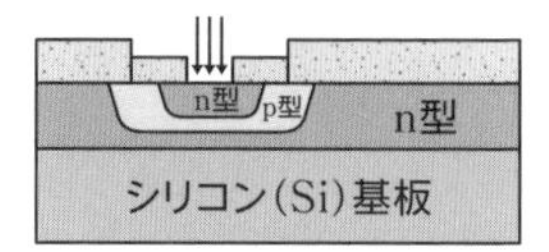

(k)酸化膜の孔から
n型不純物を拡散

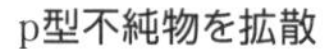

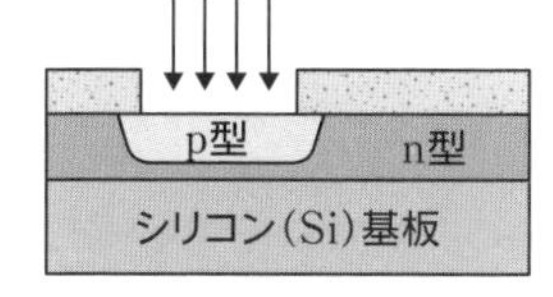

(h)酸化膜の孔から
p型不純物を拡散

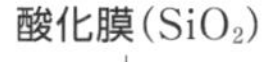

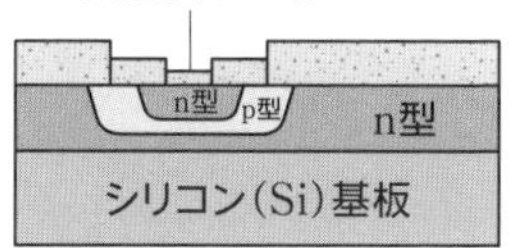

(l)表面を再酸化して酸化膜で覆う

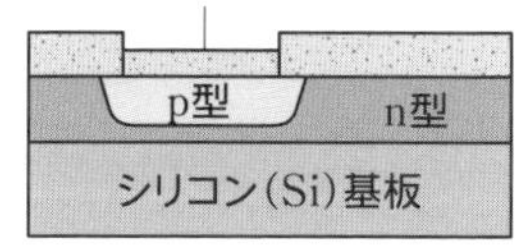

(i)表面を再酸化して酸化膜で覆う

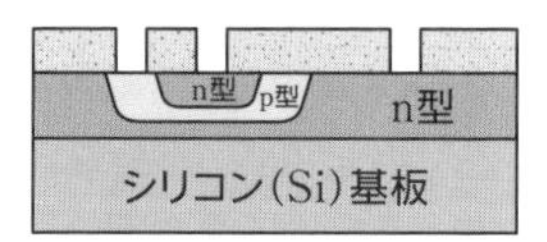

(m)表面の酸化膜に
電極蒸着用の孔を開ける
(図2－22の(f)に対応)

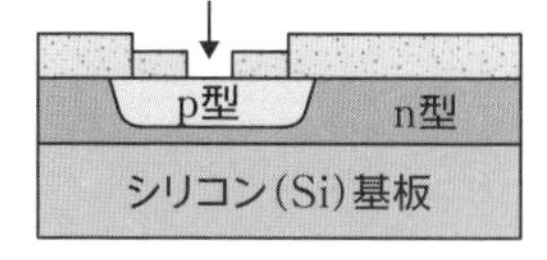

(j)表面の酸化膜に
不純物拡散用の孔を開ける
(図2－22の(f)に対応)

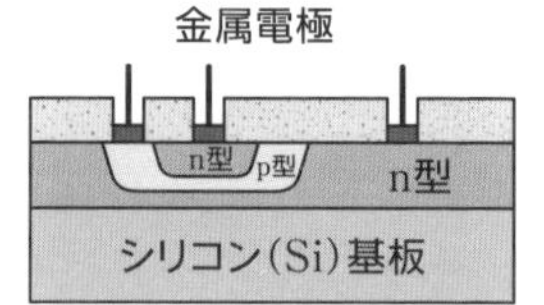

(n)酸化膜の孔から金属を蒸着

(i) (h) の拡散が終わったら再び表面をSiO_2膜で覆います。

(j) エミッタ層を作るための2回目の拡散を行なうため、図2−22のフォトリソグラフィーの工程を繰り返して行ないます。(i) で作ったベース層の上のSiO_2膜に孔を開けますが、この孔の位置はベース層の上に正確にくるように作らなければなりません。

(k) この孔から、p型のベース層の中にn型のエミッタ層を作るための不純物として、V族の元素リン (P) などを (h) と同じようにして拡散します。

エミッタ層を作る時に、ベースの厚みが薄くなるように、かつベース層を突き抜けないように、温度と時間の正確な制御が必要です。

(l) (k) の拡散が終わったら再び表面をSiO_2膜で覆います。

(m) 再び図2−22のフォトリソグラフィーの工程を繰り返して、(l) で作ったSiO_2膜の表面に電極を付けるための孔を開けます。

(n) (m) で開けた孔からアルミニウムなどの金属を蒸着し、ベース、エミッタ、コレクタの各電極を付けてトランジスタが完成します。

金属電極の蒸着には、真空にした容器内で金属を加熱して蒸発させ、金属蒸気が飛ぶところに基板を置いて金属薄膜を付ける、**真空蒸着法**(図2−25)が使われます。

近年では、Si基板や金属に電圧をかけ、膜厚の均一性や膜質が向上できる**スパッタリング法**が多く使われています。

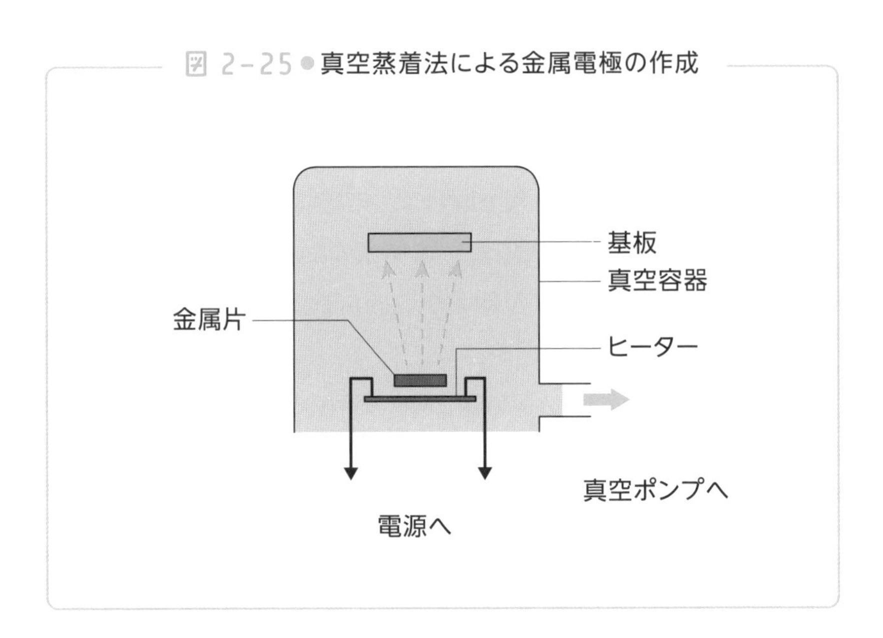

図2-25●真空蒸着法による金属電極の作成

この工程で大切なことは、拡散マスクとしたSiO_2膜は除去せずにそのまま残しておくことです。Siなどの半導体の表面を空気中に露出させたままにすると、トランジスタに重要な接合部分が大気の酸素や水蒸気などと反応して、トランジスタの特性が変動したり、信頼性を損なったります。

またこのトランジスタの構造は表面が平らになっているプレーナ型(2−5節参照)です。プレーナ型の特長として、フォトマスクにたくさんの孔を開けておけば、必要な場所に必要な数だけのトランジスタを同時に作製できます。これはその後のIC、LSIの作製につながる重要な技術です。

図2−24ではバイポーラトランジスタの場合を示しましたが、MOSFETの場合もまったく同じようにして作ることができます。
しかし、バイポーラトランジスタを作る際の不純物は熱拡散を使うことが多いのに対し、MOSFETではより微少の不純物量を制御する必

要があるため、より高い精度でドーピングができる**イオン注入法**が用いられます。

イオン注入法の概要を図2－26に示します。これはリン（P）、ヒ素（As）、ホウ素（B）などの不純物を真空中でイオン化し、これを高電界で加速して半導体基板の表面に打ち込んで不純物を注入する方法です。

打ち込まれる不純物の深さは加速電圧で決まり、不純物濃度はイオンビームの電流・電圧で決まるので、ドーピングされる不純物を正確に制御することができます。

図 2-26 ● イオン注入法による不純物の拡散

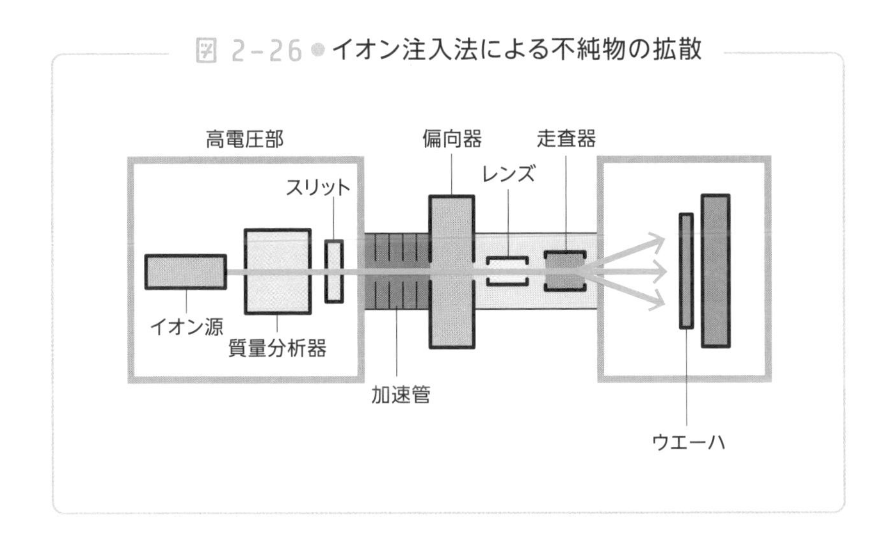

せみこんの窓

トンネルダイオードの発明

2－4節で述べたように、1957年頃、東京通信工業（現在のソニー）では世界初のトランジスタラジオを作ろうと、トランジスタの高周波特性の改善に取り組んでいました。

その中で、トランジスタのエミッタ部に加える不純物リン（P）の濃度が高い方が、高周波特性がよいことがわかってきました。しかし、そのようにしてトランジスタを作ると不良品が続出してしまいます。原因はエミッタを高濃度のn型にしたpn接合にありました。

この問題解明のため、当時pn接合の研究をしていた研究員の江崎玲於奈が動員されました。そして彼が、どこまで多量の不純物をドーピングできるかを調べようと、不純物濃度を高くしながら実験を行ないました。

トランジスタの不純物濃度は、コレクタとベース部は1000万分の1（原子の数で比較して）程度ですが、エミッタ部は不純物濃度を高くして10万分の1程度にしています。

エミッタの不純物濃度をさらに1万分の1、1000分の1、と上げていくと、pn接合ダイオードの電圧電流特性に負性抵抗が現れました。

通常の抵抗は電圧を上げると電流も上がります。この逆で、電圧を上げると電流が下がる特性を負性抵抗といいます。

実際、図2－A に示すように、横軸の電圧が70mV ～ 400mVの区間では電圧が上がると電流が下がっています。ちなみに通常のダイオードでは点線で示すような特性になり、この区間では電流はほとんど流れません。

このような領域でも電流が流れるのは、量子力学的な**トンネル**

図 2-A ● トンネルダイオードの電圧・電流特性

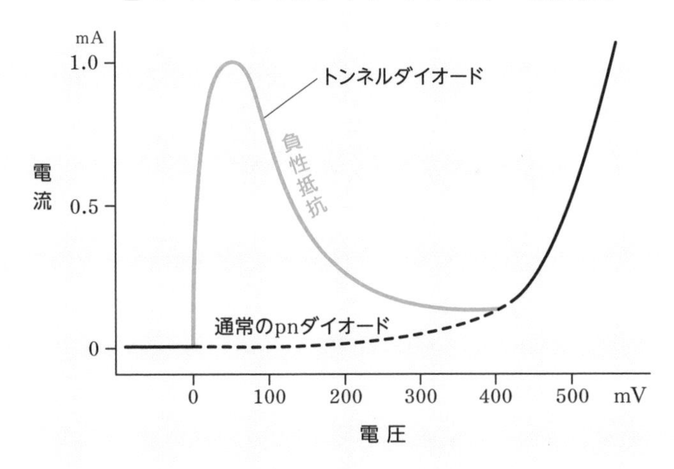

効果によるものです。

つまり、不純物濃度が高い半導体でpn接合を作ると、接合部の電気的な障壁が薄くなり、電圧が低くても電子がこの薄い壁をトンネルのように越えて行けるからなのです。

「トンネルダイオード」という名称はここからきています。通常のpn接合ダイオードでは電流がほとんど流れない300mV以下の領域でも電流が流れるのはこのためです。

さらに電圧をある程度上げていくと、今度はn型領域からp型領域へ流れ込もうとする電子のエネルギーが通常のダイオードと同じような状態になり、負性抵抗は消えてしまいます。

江崎のこの発見に対して、当初の国内での反応は芳しくありませんでした。

ところが翌年(1958年)、江崎の論文が世界的な学会誌『Physical Review』に掲載されると評価が一変しました。さらに、その年6月にベルギーのブリュッセルで開かれた学会で、あのショックレーがこの論文をとり上げて激賞したのです。これでいっぺんにトンネルダイオードが有名になり、発明者の名前をとってエサキダイオードとさえ呼ばれるようなりました。

当時アメリカの研究者たちは、コンピュータの処理スピードを上げるための高速スイッチング素子を探し求めていました。トランジスタではまだ高速動作が望めなかった時代です。

トンネルダイオードは量子力学的効果のため、きわめて応答速度が速く、画期的な素子として世界中がその可能性に注目しました。しかし、一時はこれほどの注目を集めたトンネルダイオードも、本格的な利用までには至らず姿を消してしまいました。

その一番大きな理由はトランジスタ技術の進歩にありました。トランジスタの限界周波数が大幅に向上し、動作速度という点でトンネルダイオードを必要としなくなったのです。

トンネルダイオードを発明した江崎は、固体（半導体）内におけるトンネル効果を初めて実証した功績で、1973年にノーベル物理学賞を受賞しています。

計算する半導体

アナログ半導体とデジタル半導体

――計算するのはデジタル半導体

この章では「計算する半導体」がどのような仕組みで動いているのか、ということを説明します。そのために、最初に理解して欲しいのはアナログとデジタルの違いです。

アナログとデジタルの話をすると、図3−1に示すような、時計の話とか波形の話が出てきます。この説明は誤りではありませんが、本質的ではありません。

図3-1●アナログとデジタルの違い

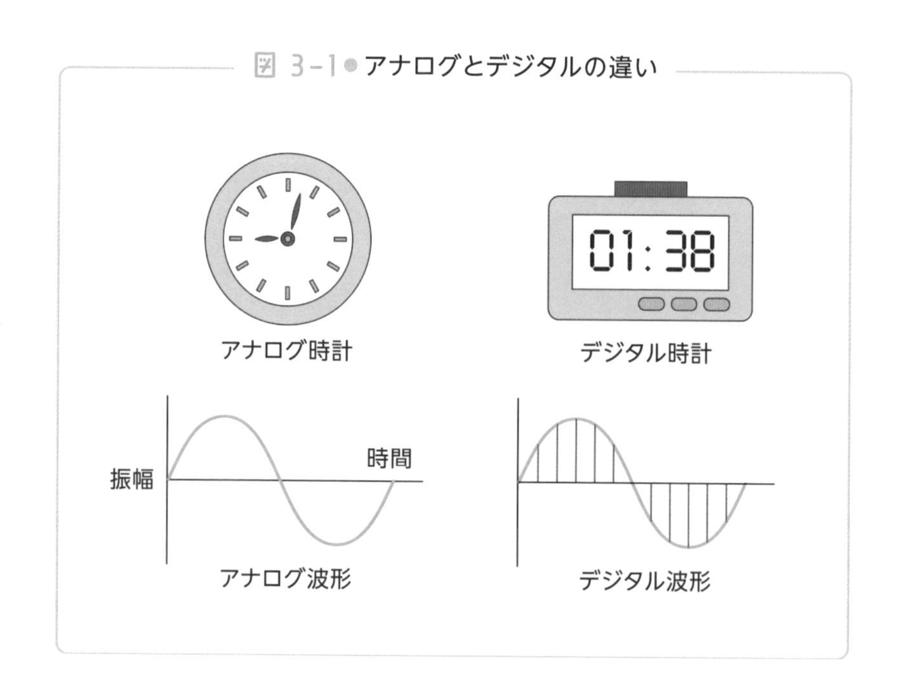

ここでいうデジタルの本質は「コンピュータが理解できるもの」ということです。図3−1のデジタル時計は"01：38"という「数字」ですので、コンピュータに入力して処理できます。

一方、アナログ時計の指す時刻は、そのままではコンピュータには理解できません。しかし、アナログ時計のデータをデジカメで撮影してデジタル画像にしてやれば、コンピュータがその画像を解析して、時間を知ることは可能でしょう。このデジタル画像はもちろんデジタルです。

そして、コンピュータの中で計算している部品は半導体素子です。つまり、**半導体が理解できる「数字」がデジタルデータということになります。**

ただ、半導体が処理する数字は我々が使っている数字と少し異なります。半導体は0と1しか認識することができません。ですから、人間が使っている10進数とは違い、半導体は**2進数**を使います。

2進数とは図3−2に示すように0と1だけで構成される数字の記載方法です。2進数の1は10進数と同じ1です。しかし2進法では2という数字がないため、10進数の2は2進法では繰り上がって、10と表記されます。

図 3−2 ● 2進数の表記

10進数	0	1	2	3	4	5	6	7	8	9	10
2進数	0	1	10	11	100	101	110	111	1000	1001	1010

256（10進数） → 100000000（2進数）
1024（10進数） → 10000000000（2進数）
65536（10進数） → 10000000000000000（2進数）

半導体のメモリの容量などで、256とか1024とか65536とか、我々の感覚からすると奇妙な数字が表れます。これは半導体の扱う2進数だときりの良い数だということも理解できると思います。

ただし、10進数でも2進数でも、数を表わすことには変わりありません。人間が使う10進数と同じように扱うことができます。

図3−3に10進数の2+3と3×3を2進数で計算した例を示します。10進数と同様な計算ができることがわかるでしょう。さらに、小数も定義できますので、10進数で表わせる数は2進数でも扱えます。

ですから、半導体は数字であれば何でも理解できるといえます。その半導体が理解できる「数字」がデジタルデータなのです。

コンピュータで情報を処理する、つまり「計算する」ために、半導体に必要な技術は2つあります。1つは0と1を処理するデジタル回路を扱う半導体素子の技術、そしてもう1つはその半導体素子を大量に作製する技術です。

次の節から、まず0と1を処理する半導体素子の技術について解説していきます。

図 3−3 ● 2進数の計算

10+11(2+3)の計算

```
    10(2)
+   11(3)
---------
   101(5)
```

11×11(3×3)の計算

```
     11(3)
×    11(3)
----------
     11(3)
    11 (6)
----------
   1001(9)
```

※カッコの中の数値は10進数の値を示す

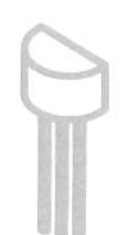

nMOSとpMOSを組み合わせたCMOS

——デジタル処理には欠かせない回路

デジタル情報を扱う基本的な素子がCMOSです。

CMOSは消費電力が少なく、小型化に優れていて高集積化が容易です。ですから、0と1のデジタル情報を扱う半導体には必須で、デジタル処理を行なう現在のICやLSIには欠かせない存在といえます。

MOSFETにはnMOSとpMOSの2種類があります（86ページ参照）。この**nMOSとpMOSの2つを組み合わせて同一基板上に配置した回路がCMOSです。**CMOSのCは"Complementary"の頭文字で、日本語でいうと「相補的」という意味になります。

図3−4にCMOSの回路を示しました。図に示すように、CMOSはpMOSとnMOSを直列に接続した構成です。図の左と右はMOSFETの記号が違うだけで同じものです。

pMOSとnMOSのゲートは共通に接続され、同じ入力電圧V_{IN}が加わります。またpMOSとnMOSはドレイン同士が接続され、そこから出力電圧V_{OUT}を取り出します。

MOSFETの節で説明したように（2−6節参照）、同じゲート電圧に対してpMOSとnMOSは逆の動作をします。つまり、ゲート電圧をプラスにするとnMOSはONになり、pMOSはOFFになります。

図3-4●CMOS回路

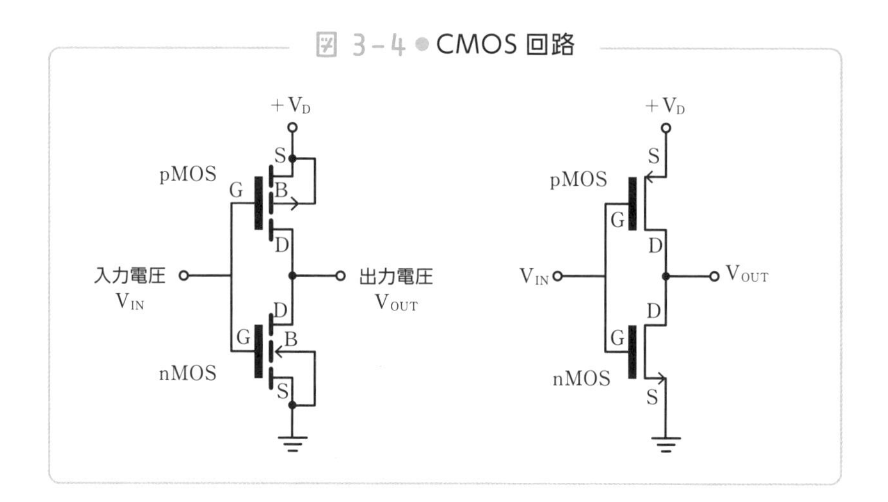

すなわち、図3−5に示すように、ゲート電圧にプラスが入力されるとpMOSのスイッチはOFFです。一方この時nMOSのスイッチがONになり、出力端子は0ボルトの接地端子につながります。この結果、出力電圧はほぼ0ボルトになります。

逆に、ゲート電圧を0ボルト付近に下げた時にはnMOSはOFFになります。一方、pMOSはONになって出力電圧は電源電圧V_Dになります。

つまりCMOSは、入力がHIGH（V_D）の時は出力がLOW（0V）となり、入力がLOWの時は出力がHIGHとなります。これは入力と出力を反転する回路で、これをインバータ回路と呼びます。デジタル回路ではインバータ回路はON、OFFを反転させる素子として主に使われます。

このCMOS回路をLSIで作るには、同じ半導体基板にnMOSとpMOSという反対のMOSFETを作ることが必要になります。

図3−6はCMOSの構造を示したものです。CMOSを作るには、まずp型Si基板にnMOSを作ります。そこにpMOSを作るために、ま

図 3-5 ● CMOS 回路の動作原理

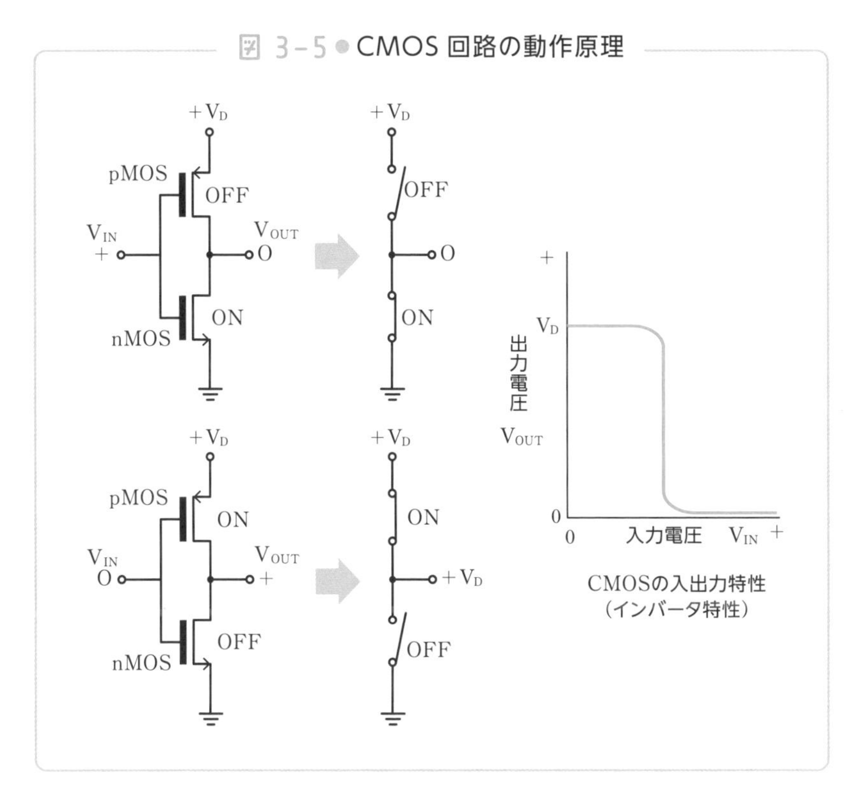

図 3-6 ● CMOS の構造

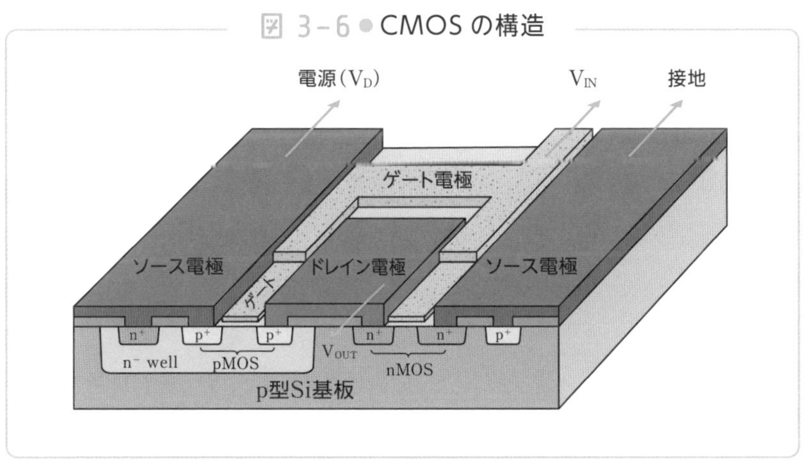

ずp型Si基板にn**ウェル**（Well：井戸という意味）というn型の領域を形成し、その中にpMOSを作るという手法をとります。

また、インバータ回路はnMOSだけでも作れます。図3−7にその構成例を示しています。

この図において、入力電圧V_{IN}はnMOSのゲート電圧V_Gとなります。ゲート電圧がしきい値電圧V_{th}よりも低い場合はnMOSがOFFになり、ドレイン電流I_Dが流れないので出力電圧V_{OUT}は電源電圧V_Dになります。

一方ゲート電圧V_GがV_{th}を越えると、ドレイン電流が流れ始めます。そしてゲート電圧がV_{G1}に達すると、nMOSはこれ以上ドレイン電流が流れなくなる飽和状態に達します。つまり、スイッチとしては完全にON状態になります。この時には、出力電圧はほぼ0ボルトになります。

ゲート電圧がV_{th}とV_{G1}の間の領域ではゲート電圧とドレイン電流が比例して増加するので、アナログ信号に対する線形増幅器として動作します。

このnMOSインバータ回路は、トランジスタがONの時には常にトランジスタに電流が流れます。ですので、消費電力が大きくなるという欠点があります。

図 3−7 ● nMOS のみで構成したインバータ回路

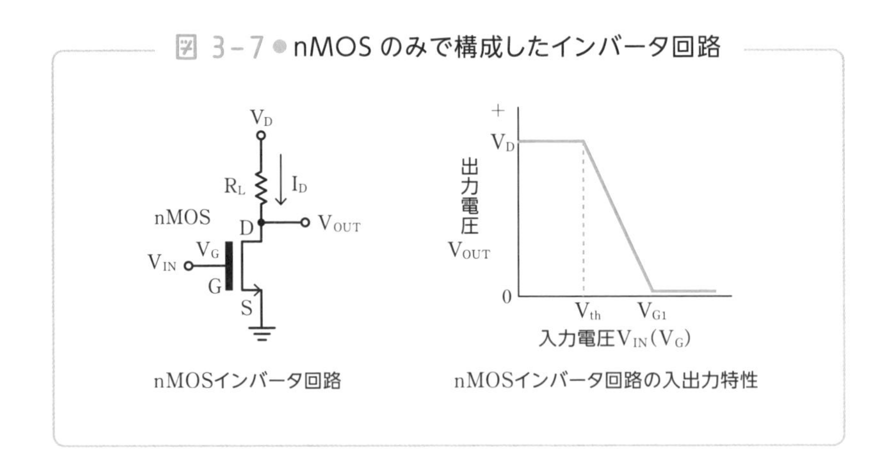

一方、CMOSならばONでもOFFでも電流が流れないので、消費電力は0に近いです。大量の回路を使うデジタル回路のLSIでは消費電力が小さいことがきわめて有利になります。

しなしながら1970年代くらいまではCMOS回路は動作速度が遅いという欠点がありました。そのため高速動作が要求されるコンピュータ関連では、高速なnMOSインバータ回路が主流となっていました。CMOS回路が遅い原因は、nMOSとpMOSという2種類のMOSFETを同一基板上に作らなければならないため、両者を同時に最適化できなかったためでした。図3−6のCMOSの断面図において、p型Si基板とn型ウェルの不純物濃度を、それぞれ独立に調整できないことが回路が遅くなる原因となっていました。

この欠点を除くための研究も進められ、1978年には日立により図3−8に示すような2重ウェル構造のCMOSが開発されました。Si基板上にp型ウェルとn型ウェルを作り、ウェルの不純物濃度をそれぞれ最適化することで高速動作を可能としたのです。

このような研究が進んだ結果、CMOS回路はnMOS回路に劣らない高速動作が可能となりました。現代ではCMOSが完全に主流技術になっており、ほとんどのデジタル回路に採用されています。

図3−8 ● 2重ウェル構造のCMOS

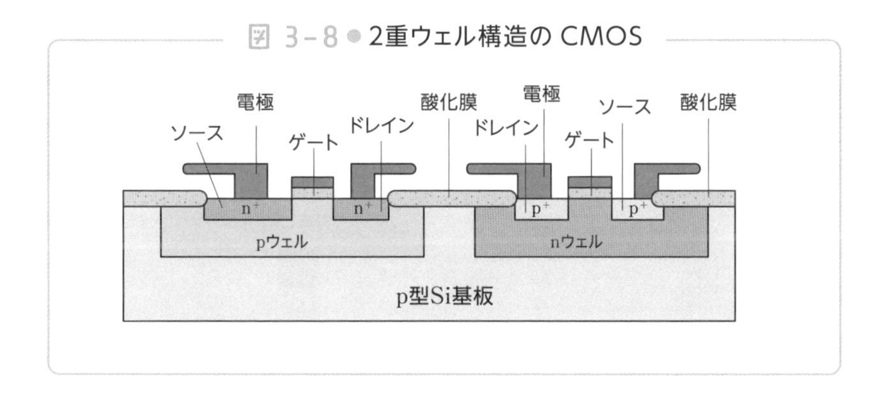

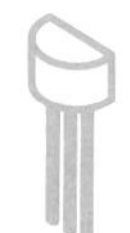

CMOS回路で計算できる仕組み

——0と1だけで複雑な計算ができる

CMOS回路により、HIGH(1)とLOW(0)の電圧を反転することができることがわかりました。半導体はこの0と1でもっと複雑な計算も行ないます。

その数学的な土台となるのは、**ブール代数**と呼ばれる数学の分野です。**ブール代数は0と1の2値のみを扱う数学で、これを半導体の回路で実現して計算を行なうわけです。**

ブール代数の初歩的な演算を図3−9に示します。ここでは**論理否定**（NOT)、**論理積**（AND)、**論理和**（OR）の3種類を示しています。ブール代数ですので、この式の変数AやBは0か1いずれかの値をとります。例えばA=1なら$\overline{A}$=0、A=1でB=0ならA・B=0でA+B=1になります。

図 3-9 ● 主要な論理演算

論理否定 (NOT)	$\overline{A}$	⟶ Aが1なら0、Aが0なら1
論理積 (AND)	$A \cdot B$	⟶ AもBも1の時は1、それ以外は0
論理和 (OR)	$A + B$	⟶ AもBも0の時は0、それ以外は1

このブール代数の演算がCMOSの回路で実現できます。

まず、論理否定(NOT)をCMOSで実現したものを、図3−10に示します。これは前節で紹介したインバータ回路、そのものになります。

次に論理積の回路を図3−11に示します。この場合入力がAとBの2端子、出力はOUTの1端子となります。この時、図に示すようなMOSFETの回路を作れば、論理積の計算ができることがわかります。

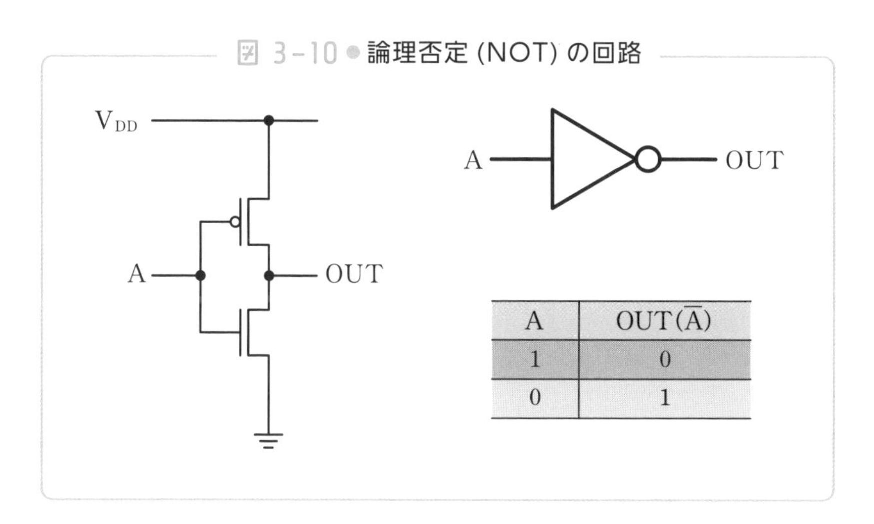

A	OUT($\overline{A}$)
1	0
0	1

図3-10 ● 論理否定 (NOT) の回路

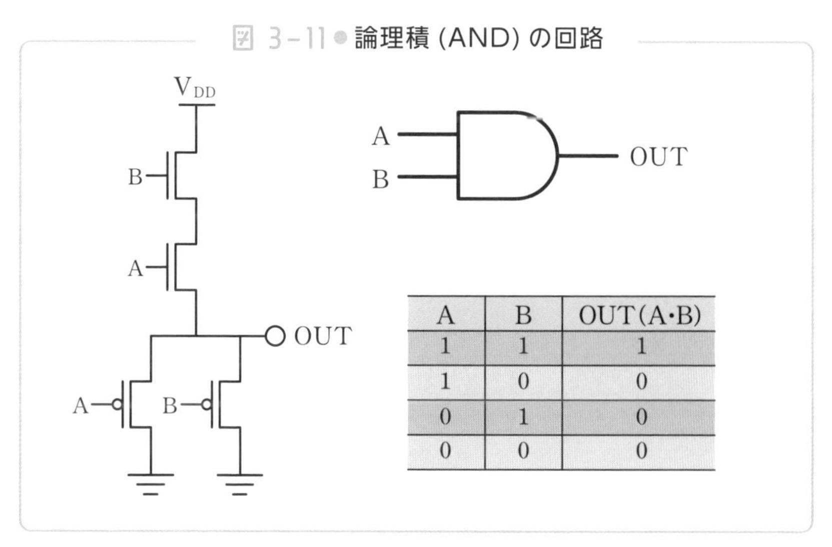

A	B	OUT(A・B)
1	1	1
1	0	0
0	1	0
0	0	0

図3-11 ● 論理積 (AND) の回路

最後に論理和の回路を図3－12に示します。この場合はMOSFETが6個と、論理否定や論理積に比べると必要なMOSFETの数が多くなります。しかし、このような回路を作れば、論理和も計算できることがわかります。

これらはブール代数のもっとも初歩的な演算です。しかし、例えば多数入力、多数出力の複雑な演算になっても、CMOSの回路を組み合わせることにより、演算が可能になります。

さらに、AND、OR、NOTを使って、2進数の足し算をする回路を作ることを考えてみます。図3－13のようにAとBを入力、CとDを出力とする演算を考えます。すると、それは図に示すように"A＋B＝CD"という式は確かに2進数の足し算を表わすことがわかります。

その演算を入力する回路を図3－14(a)に示します。例えばA＝1、B＝1としてみると、確かに期待する出力であるC＝1、D＝0を得られていることがわかります。

半導体技術の発展による、現代コンピュータの進化はすさまじいも

図3－12 ● 論理和(OR)の回路

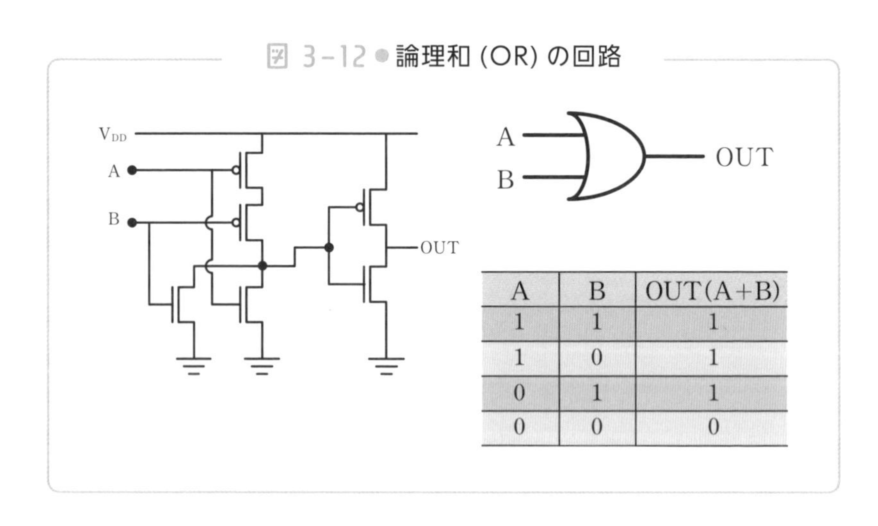

A	B	OUT(A+B)
1	1	1
1	0	1
0	1	1
0	0	0

図 3-13 ● 2進数の足し算を表わす論理演算

$C=A\cdot B$

$D=(A+B)\cdot(\overline{A\cdot B})$

A+B=CD $\begin{bmatrix} 0+0=00 & 0+1=01 \\ 1+0=01 & 1+1=10 \end{bmatrix}$

A	B	C	D
0	0	0	0
0	1	0	1
1	0	0	1
1	1	1	0

のがあります。例えば人工知能であるとか、画像認識であるとか、人間に匹敵するような高度な処理を行なっているように見えます。

しかしながら、根本の原理はこの0と1を扱うブール代数にすぎません。複雑な制御は、この単純な処理が非常に多数、そして高速に行なわれていることによって成り立っています。この原理はコンピュータが世の中で使われ始めた頃から、50年ほど変わっていません。そして恐らくは、これからも当面は変わることはないでしょう。

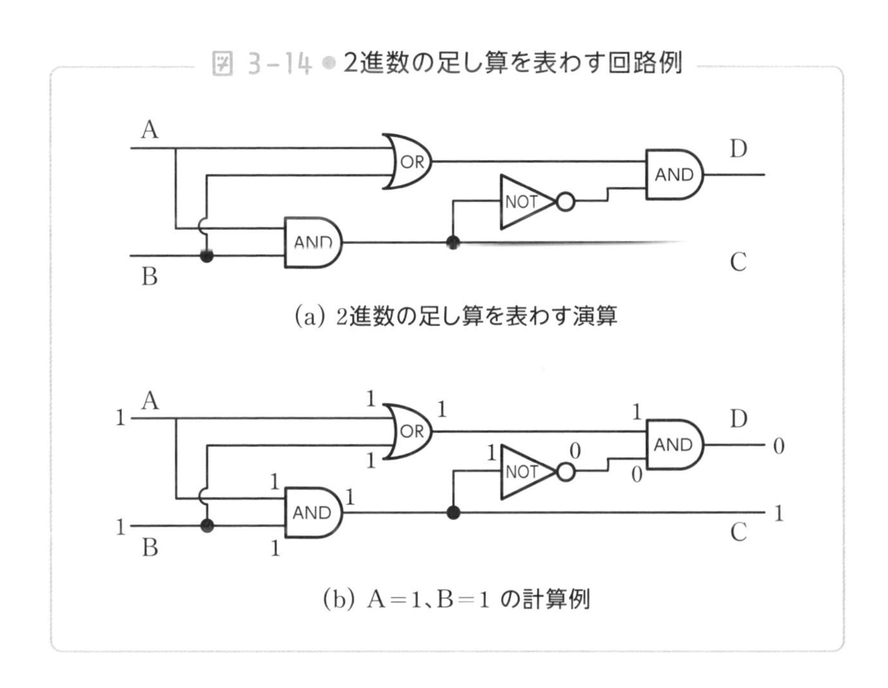

図 3-14 ● 2進数の足し算を表わす回路例

(a) 2進数の足し算を表わす演算

(b) A=1、B=1 の計算例

ICとは、LSIとは

―― 同じ半導体基板上に電子回路を作る

トランジスタは最初、真空管を置き換える形で使われました。プリント基板上に抵抗やコンデンサなどの部品と一緒に搭載されて、半田付けで接続されていたのです。

しかし、これでは素子数を増やせば増やすほどコストが上がってしまうし、部品が増えるほど故障が多くなって、信頼性が下がってしまいます。

そこで図3－15に示すように、1つのシリコンチップ上に、複数のトランジスタやMOSFET、抵抗器、コンデンサなどの素子を作り、

図3-15 ● プリント基板からICへ

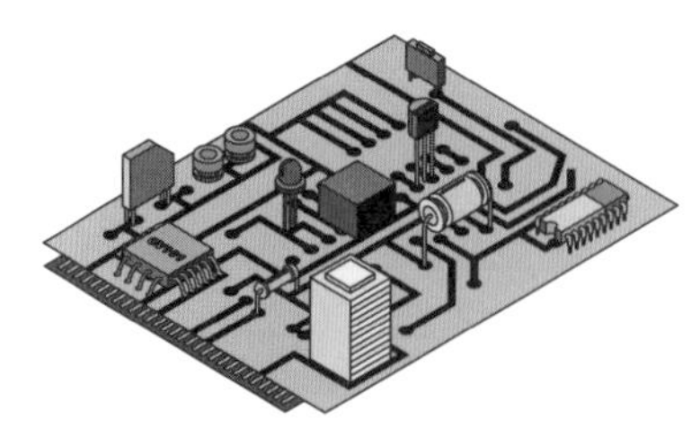

プリント基板上に
トランジスタをはんだ付け

シリコンチップ上に
トランジスタや部品を混載

素子間を結ぶ配線を形成することで所望の電子回路を実現させることを考えました。これが**IC**（Integrated Circuit：集積回路）です。

2−7節の「半導体の作り方」で述べたように、チップはリソグラフィーを作って形成するので、1枚のマスク内であれば1個作るのも100個作るのも、コストも手間も変わりません。ですからチップ上の素子のサイズを縮小し、1つのチップ上に集積できる素子数を増やしてきました。

そうしてIC→**LSI**（大規模集積回路）→**VLSI**（超大規模集積回路）へと大集積化が進められてきました。はっきりした定義はありませんが、大体1チップ当たり1000素子以上搭載したものをLSI、10万素子以上搭載したものをVLSIと呼ぶのが一般的なようです。

先ほどの節で説明したように、特にデジタル回路を作る時には、多くのCMOSを詰め込む必要があります。この高集積化により、半導体の可能性は一気に広まりました。

電子回路の集積化には、デジタル回路の集積化以外にも大きなメリットがあります。

1つは小型化に伴う低消費電力化です。集積度が高くなると配線が短くなって、電力の消費が少なくエネルギーを節約できるようになります。無駄に発熱しないので機器寿命がのびる効果もあります。

さらに配線まで一体化して製造するので、配線接続による不安定性が減じ、信頼性が向上しました。プリント基板上に素子を半田付けしていた頃は、その接続部分でトラブルが多く発生していたのです。

ICを発明したのはテキサス・インスツルメント（TI）社のキルビー（J.S.Kilby）で、1959年2月に、図3−16の特許を出願しました。

図 3-16 ● キルビー特許

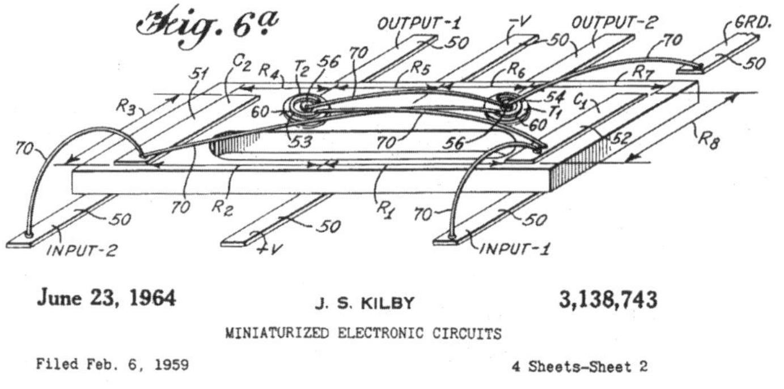
Fig. 6a
OUTPUT-1
-V
OUTPUT-2
GRD.
INPUT-2
+V
INPUT-1
June 23, 1964
J. S. KILBY
3,138,743
MINIATURIZED ELECTRONIC CIRCUITS
Filed Feb. 6, 1959
4 Sheets-Sheet 2

出典：UNITED STATES PATENT AND TRADEMARK OFFICE

これが有名な**キルビー特許**で、同一の半導体結晶基板上に同じプロセスでトランジスタ、ダイオード、抵抗器、コンデンサ、配線などを形成するというものです。この技術が画期的だったポイントは、回路を構成するすべての素子をSiの半導体チップ上で実現することでした。

キルビーが考案し、実際に作ったICは今日から見ると幼稚なものでしたが、同一チップ上にトランジスタ、ダイオード、抵抗器、コンデンサなどを搭載し、ICを構成するという概念は特許として残っていたため、後年、他の半導体メーカーは大いに苦しめられることになりました。

このキルビーのアイデアを実用レベルに発展させたのは、プレーナ型トランジスタの技術をベースとしたSiプレーナIC技術です。これはフェアチャイルド社のノイス（Noyce）により考案され、1959年7月に図3−17のように特許が出願されました。

キルビーの特許は同一基板上に複数の素子を配置した電子回路というICですが、素子と素子の間の電気的な分離をどうするかが問題でした。ノイスが考え出したSiプレーナIC技術は、Si基板上の素子間をSiO_2などの絶縁膜で分離することで多数配置できるようにしました。それを絶縁層を介したチップ上の配線で接続します。この技術は生産性と信頼性を向上させてICの高集積化への道を開くもので、今日のLSIの技術の根幹をなします。

図 3-17 ● ノイス特許

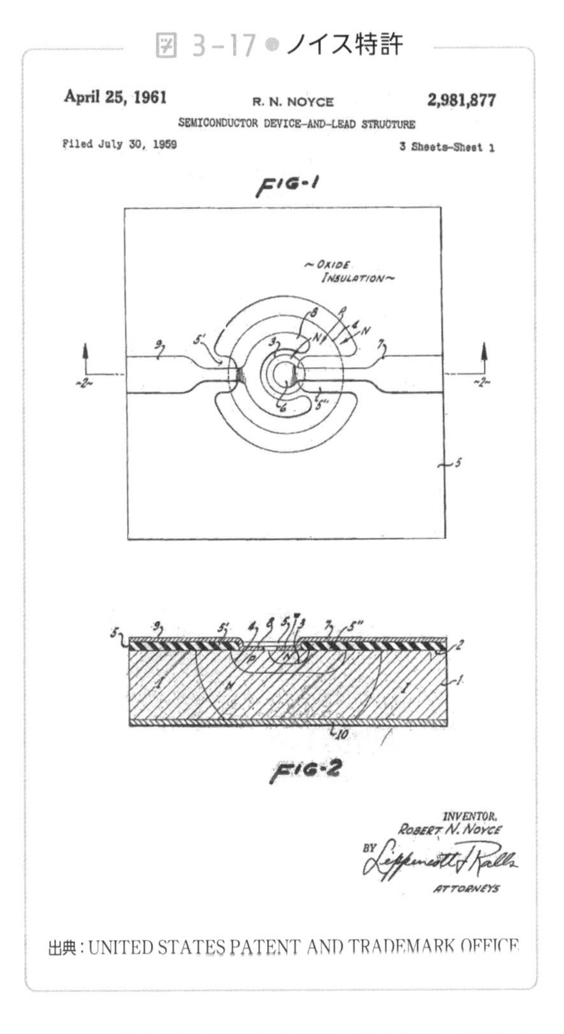
April 25, 1961　R. N. NOYCE　2,981,877
SEMICONDUCTOR DEVICE-AND-LEAD STRUCTURE
Filed July 30, 1959　3 Sheets-Sheet 1

出典：UNITED STATES PATENT AND TRADEMARK OFFICE

後日、TI社とフェアチャイルド社はICの特許を巡って争い、判決まで10年もかかりました。結論からいうと、キルビーの特許とともにノイスの特許も有効と認められました。

ノイスの特許で示されたプレーナ方式は、配線方法だけでなく素子分離の方法についても提案された実用的なものです。一方、キルビーの特許は完成度の点では今一歩ですが、世界で最初にICの概念を提案したところに価値があります。

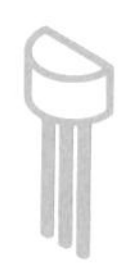

3-5 マイクロプロセッサ：MPU

――日本の電卓メーカーのアイディアで誕生

コンピュータは図3−18のように構成されていて、CPU（Central Processing Unit：中央処理装置）が中心的な役割を担っています。CPUはコンピュータの頭脳といえるもので、演算装置と制御装置で構成されます。演算装置は様々な演算処理を行ないます。つまり、データを元に計算を行なうわけです。

一方、制御装置は命令を解読して演算装置に送ったり、コンピュータ内のデータの流れを制御する動作を行ないます。つまり、メモリに記憶されているプログラムを読み込んで演算結果をメモリに戻したり、

図 3−18 ● コンピュータの構成

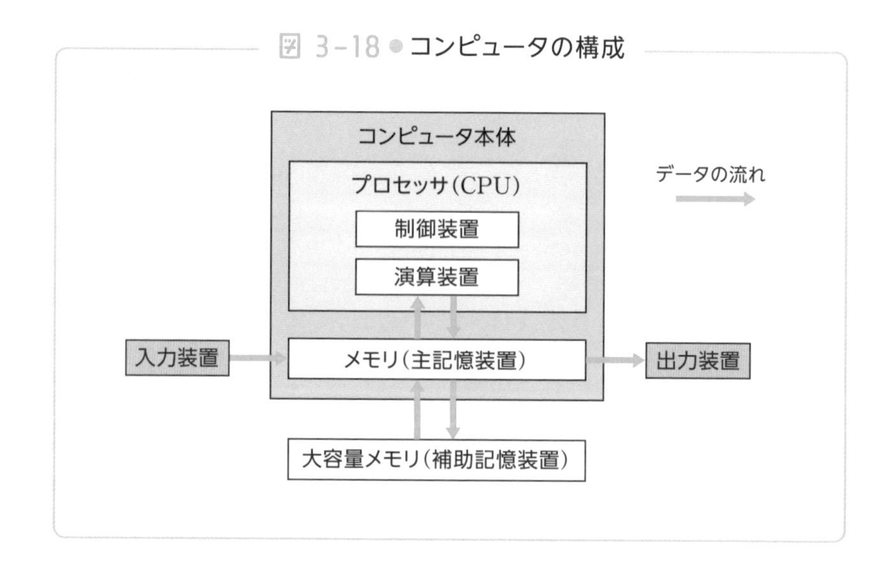

入力装置や記憶装置からデータを受け取ったり、ディスプレイなどの出力装置に送ったりします。

LSIがなかった時代のコンピュータは大型で、中でも複雑な操作を行なうCPUは膨大な数のトランジスタを使用していて、個別の部品間を銅線で結んでいました。装置架の裏側を見ると配線がクモの巣のようになっていて、当時の技術者達の苦労がしのばれます。トランジスタの放熱対策も大変でした。

現在のCPUは1個の小さなLSIに集積化されているので、マイクロプロセッサ（MPU：Micro Processing Unit）と呼ばれ、日本語ではマイコンなどとも呼ばれています。小型のコンピュータとイメージしても良いかもしれません。

またCPUとMPUの切り分けは明確でないので、本書では同じものと理解しても差し支えはありません。

MPUはコンピュータに限らず、世の中のあらゆるところで使われています。例えば、エアコンにしても、現在の室温データを読み取りながら、風速やヒーターの温度を制御するなど高度な動作をしています。こんな何かを制御する機器にはすべてMPUが使われています。

現代社会ではマイコンがないと、ほとんどすべての電化製品が動かないといっても、過言ではありません。さらに、自動車や機械なども電気的に制御されているので、マイコンが使われています。現代の自動車は高度に電子制御されていて、1台につき100個ものマイコンが使われているともいわれています。

このMPUは1960年代後半に日本の電卓メーカーであるビジコン社がアメリカのインテルに持ち込んだ話がきっかけで誕生したといわ

れています。

このころ多くのメーカー各社が電卓ビジネスに力を注ぎ始めました。しかしその開発には、品種ごとに複雑なICを専用に設計・製造する必要がありました。

しかも2、3年ごとに新モデルが登場してくるので大変です。ですからビジコン社の技術者は「メモリの内容を書き換えるだけで異なった電卓を作れないか」と考えました。

ビジコン社が考えていた基本アイデアは、多種類の電卓向けのICを個別に回路設計するのではなく、電卓ごとの命令セットなどのプログラムをROMに入れてソフトウェアで対応しようとする手法でした。このアイデアが実現できないか、アメリカのインテル社に話を持ち込んだのです。

当時のインテルはメモリ専門の半導体会社でしたが、運良く交渉相手がコンピュータ・アーキテクチャの専門家だったことで、電卓の構成を理解し、MPUの構想が生まれました。

そしてインテルは2進法4ビットの演算機とすることを提案し、ここに世界初のMPUである4004が誕生したのです。

この時のMPUは電卓用なので扱うデータは数値（0～9の数字）のみでよく、4ビットで十分でした。が、MPUの汎用性に着目したインテルは翌年8ビットのMPU（8008）を世に出しました。8ビットにすることで電卓におけるような計算機能以外に文字データなどの処理も可能となるように考えて設計したプロセッサです。この8008を改良して世に出したのが8080（1974年）で、世界初のパソコンAltairのMPUとして採用されました。1978年に登場した8086は初の16ビットMPUで、日本国産のパソコンとして活躍してきたNECの9801シリーズにも使われました。

そして、1985年には初の32ビットMPUである80836 DXを発売、1990年代に入るとPentiumシリーズを発表し、Pentium 80586（1993年）はWindows95に対応できるMPUになりました。

パソコンを購入すると、「intel inside」と表示しているものがありますが、これはインテル製のMPUを使用しているということを表わしています。

このようなMPUの心臓部は多数のトランジスタで構成されています。1つ1つのMOSFETはスイッチの役割しか持たない素子ですが、これらを複雑に組み合わせることで様々な計算を行なったり周辺機器の制御を行なったりできるようになります。そして組み合わされるトランジスタの数が多くなればなるほどMPUの機能や処理能力は高められます。

図3－19はインテル製のMPUに搭載されているトランジスタ数の推移を示したグラフで、最初（1971年）のMPUである4004ではトランジスタの数は2300個でしたが、40年後の2011年のXeon E7は26億個と100万倍に増えています。この進化が近年のITの発展を支えてきたのです。

1チップに搭載されるトランジスタ数を増やすにはチップ面積を増やせばよいと単純に考えがちですが、チップ面積を増やすとコストが増大するので大きくしたくありません。

4004のチップサイズは$12mm^2$（3mm × 4mm）でした。Xeon E7ではトランジスタ数が100万倍以上に増えているのに、チップ面積は$513mm^2$で43倍にすぎません。チップサイズを大きくせずにトランジスタを大量に集積するには、トランジスタのサイズを小さくすることです。それには回路パターンを描く線幅を狭くする必要があります。

図3-19●インテルのMPUのトランジスタ数とプロセスルールの推移

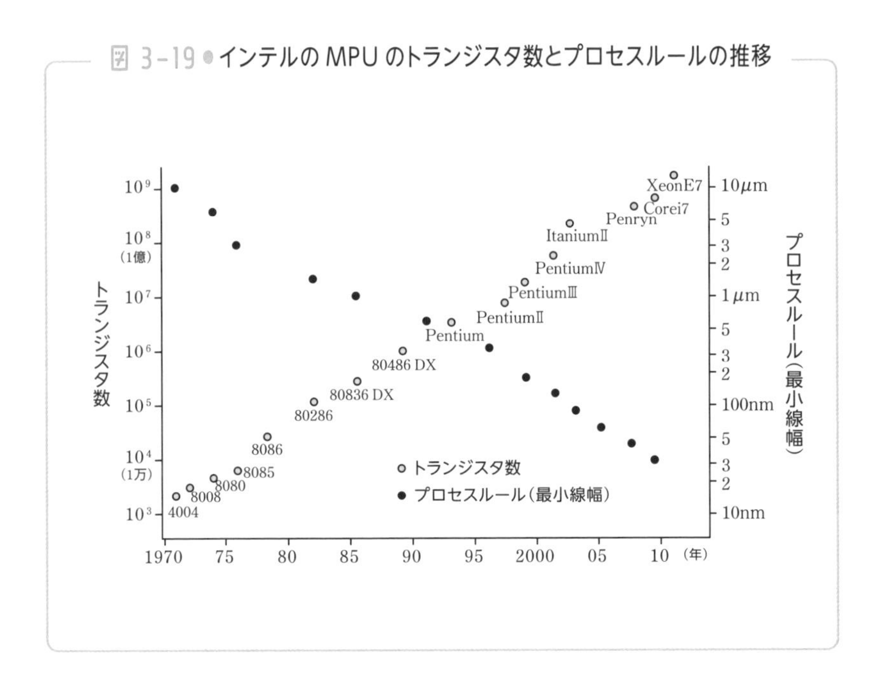

実際に4004の線幅が10μmだったのに対し、Xeon E7のそれは32nmと1/300になっています。この線幅（プロセスルール）の傾向も図3−19に併せて示してあります。

つまり、**MPUの進化とは微細化の歴史だったといえます。トランジスタを小さくすればそれだけ大量のトランジスタを集積でき、MPUの機能が高くなります。**しかもそれだけではなく、素子が小さければ電子が動く距離が短くなり、その分高速動作が可能になるというメリットもあります。

実際、4004の動作周波数は1MHzに届きませんでしたが、Xeon E7の動作周波数は2GHzを超えており2000倍以上高速化されています。現在のMPUが音声、画像、写真、ビデオ、暗号など情報量の多いデータを処理できるようになったのは、このような技術進歩があったからです。

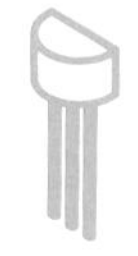

ムーアの法則

―― 半導体の微細化はどこまで続くのか？

1965年、インテル創業者の1人であるムーアは、1チップのICに搭載されるトランジスタ数の過去5年間の推移を調べた結果、1年間で2倍に増えていることを見出しました。そして、この傾向が続いていくだろうという予測記事を雑誌に発表しました。

これが有名な「**ムーアの法則**」です。ムーアがこの記事を発表した頃の1チップ当たりの集積度は64個程度でしたが、10年後の1975年には65,000個の素子を集積できると予測したのです。

図3－20はDRAMの1チップ当たりのトランジスタ数の推移を示したものです。確かにムーアがこの「法則」を見出した当時（1965年）は1年で2倍のペースでトランジスタ数が増えています。ただ、その後のペースはほぼ2年で2倍に減速しています。ですからムーア自身も「2年（24ヶ月）で倍増」へ軌道修正しました。

また、チップサイズを大きくすることなく、チップに搭載する素子数を増やすには、素子1個のサイズを小さくする必要があります。それには回路の線幅を狭くしなければなりません。

図3－20にはプロセスルールの微細化の傾向も併せて示してありますが、1970年に作られた最初の1kビットDRAMでは線幅が10μmだったのに対し、現在では20nmを切るまでに狭くなってきています。

図3-20 ● 1チップに集積できるトランジスタ数の推移

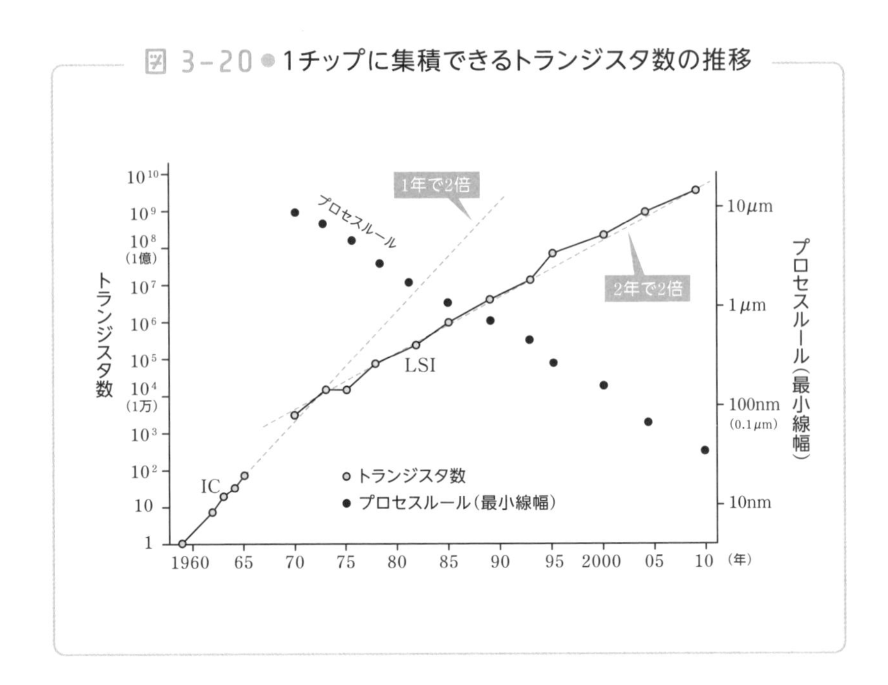

また、図3−19（128ページ）に示したMPUのトランジスタ数もムーアの法則にしたがって増加していることがわかります。

このムーアの法則は理論的根拠のない経験則ですが、その後の40年にわたって実際にこの「法則」の通りに1チップに搭載できるトランジスタ数は増えていき、半導体の技術やビジネスの道標（みちしるべ）になってきました。

ところが最近では、ムーアの法則が限界に近づいているといわれています。その理由は、プロセスルール（線幅）の微細化が限界に近づいてきたからです。

2020年時点で製品化されているもっとも微細なプロセスは5nmで、この長さはシリコン結晶の格子定数（約0.5nm）の10倍でしかありません。半導体素子は結晶で作るので、格子定数の大きさまで小さくすることはできません。

小さな物体と比較してみると、図3－21からもわかるように半導体素子のサイズは、当初は細菌程度のサイズだったのが、現在ではウィルスやDNAのサイズにまで小さくなっています。

フォトリソグラフィー技術で回路パターンを描く時にも光の波長という限界があります。また、微細化を進めるにあたって素子のばらつきが大きくなる問題、ゲート酸化膜が薄くなりすぎてリーク電流が大きくなる問題、さらに技術的には可能であってもコストがあまりに高額で現実的に導入できないなど、色々な壁に阻まれてきています。

しかしながら、ムーアの法則の限界は2000年くらいから危惧されていましたが、その度に技術的なブレークスルーを起こして、ムーアの法則を実現してきました。

例えば、酸化膜厚を維持したままゲートの容量を増やすHigh－kの絶縁体の技術、逆に配線の容量を減らすためのLow－k誘電体膜の技術、チャネル部に応力を与えて実効的な電子の移動度を高める技術、露光機ではマスクで光の位相を制御して波長以下の微細パターンを露

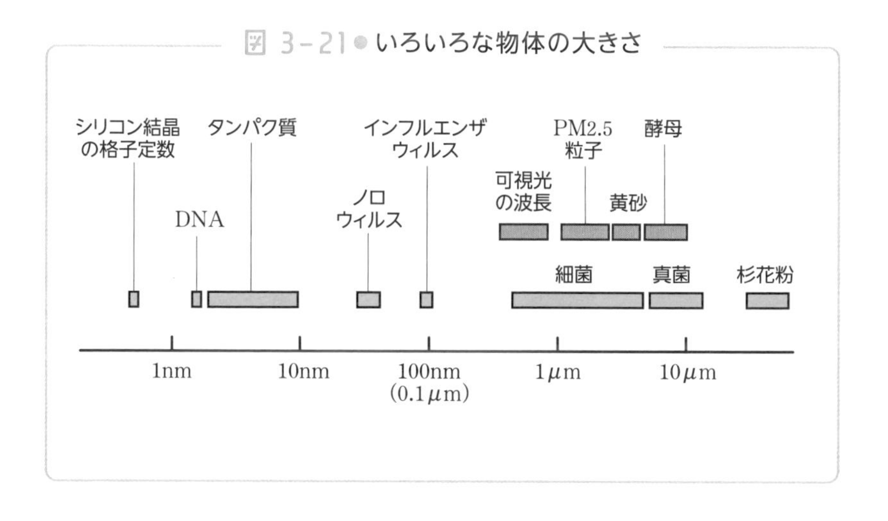

光する技術、液中で露光して実効的な光の波長を短くする技術など、ありとあらゆる技術を駆使してきたのです。

近年では16nm世代で導入された、**FinFET**の技術が特に大きなイノベーションでした。これは図3－22に示すように、従来の平面型のMOSFETを3次元にすることにより、微細化を実現しました。

ただ、さすがに微細化がシリコンの格子定数に近づく中、さらに集積度を上げるには、技術的な困難がさらに大きくなるでしょう。しかし、それを克服できる技術も見え始めています。ムーアの法則がいつまで続くのか、技術者と物理的限界の戦いは続いています。

図3－22 ● プレナー型 MOSFET と FinFET

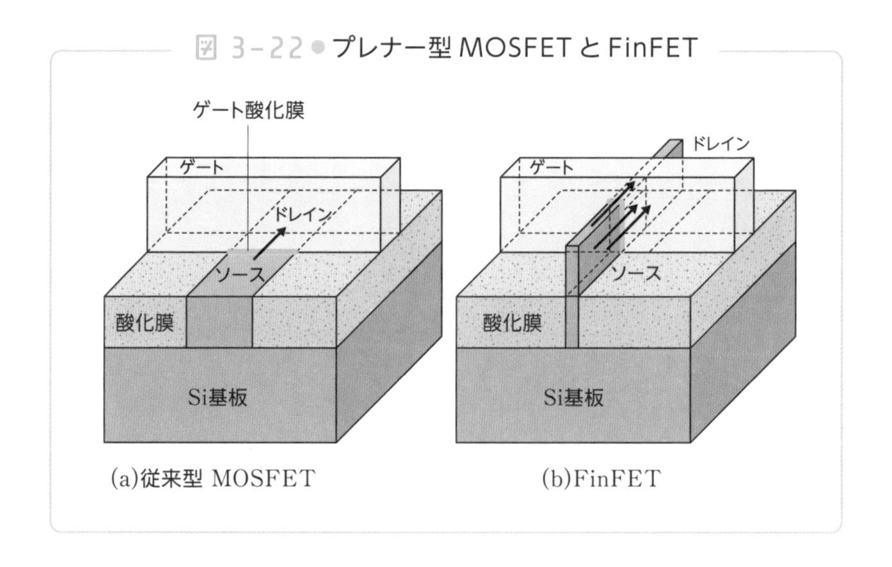

(a)従来型 MOSFET　　(b)FinFET

3-7 システムLSIの作り方

―― 大規模な半導体をどのように設計するか？

次にこのような大規模なシステムLSIをどのように設計するのかについて説明します。

図3−23にシステムLSIの設計フローの流れを示します。

大まかには、まずシステムの仕様を設計して、その仕様に必要な機能（部品）を検討します。その後に動作レベル設計として論理の設計をして、最後にそのデータをレイアウトデータ、つまりウェーハに転写するマスクのデータを得るわけです。

図 3-23 ● システム LSI の設計フロー

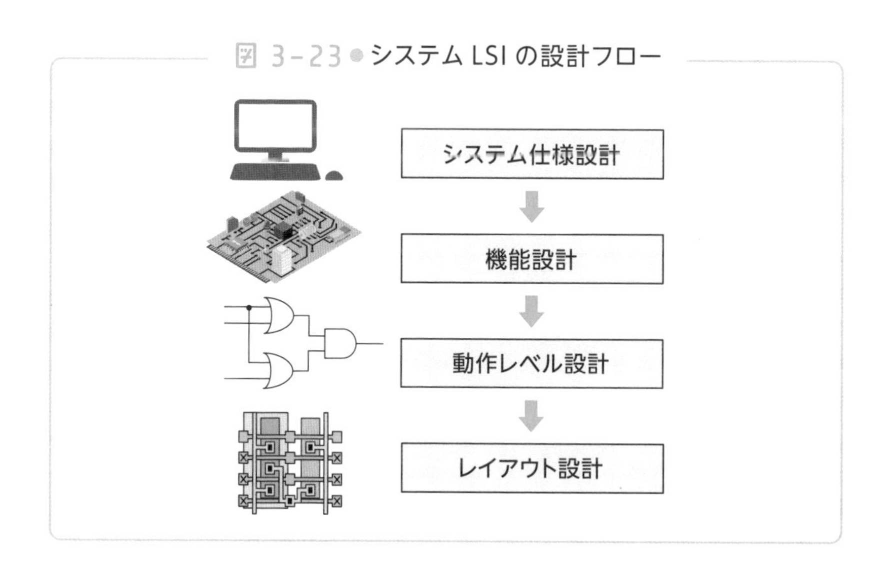

システムLSIの上流の設計は「システム」というだけあって、コンピュータでシステムを構築する方法に似ています。そのもっとも上流であるシステム仕様設計では、そのシステムに何が求められているか、どんな能力が必要か、ということを検討します。

次に、機能設計です。これはシステム仕様設計で求められているスペックに対して、必要な構成要素を洗い出していくことです。例えば、DRAMは256MBは必要であるとか、USBのインターフェイスが必要であるとか、画像処理用の機能が必要であるとか、必要な機能に分解していきます。

この時、例えばDRAMを制御するDRAMコントローラなど、一般的に良く使われる機能は、様々なLSIで流用した方が設計が楽になります。ですから、再利用できるように機能ブロックごとに**IP**(Intellectual Property)と呼ばれる設計データにまとめられています。実際の機能設計は、存在するIPから必要なものを選ぶ作業になることも多いです。

また、IPを設計して他社に販売したり、逆に他社から購入したりすることもあり、ビジネスとしてもIPは大きな市場があります。

その次が動作レベル設計になります。ここでは実際に論理回路を組んでいきます。

図3−24に半加算器と呼ばれる論理回路を例に設計の方法を示しています。

1990年ごろまでは、デジタル回路の設計は論理回路を直接扱って設計していました。しかし1990年頃から**RTL**(Register Transfer Level)と呼ばれる記述で設計することが一般的になってきました。

RTLの例を同図(b)に示します。見ていただくとわかるように、こ

図 3-24 ● HDLのコード例

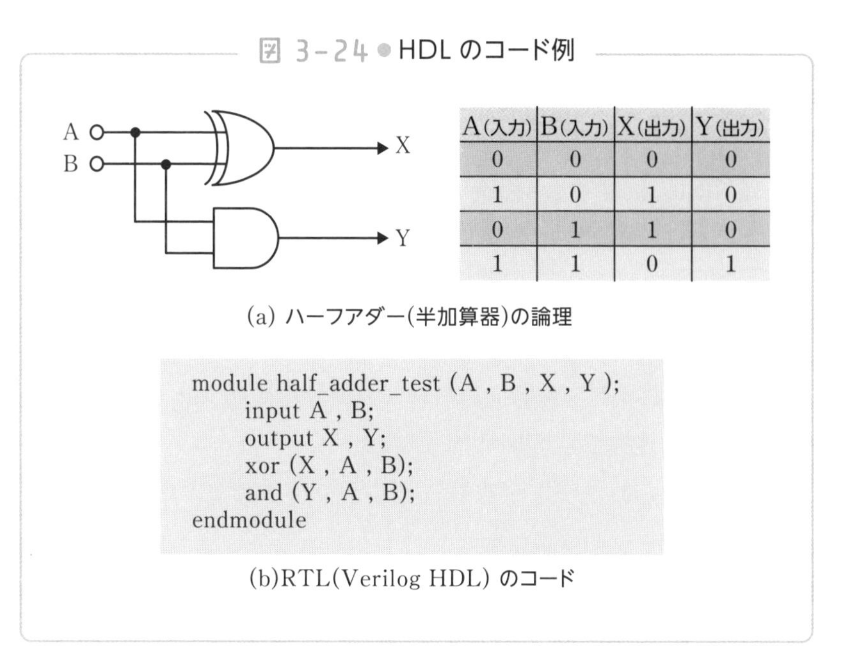

A(入力)	B(入力)	X(出力)	Y(出力)
0	0	0	0
1	0	1	0
0	1	1	0
1	1	0	1

(a) ハーフアダー(半加算器)の論理

```
module half_adder_test (A , B , X , Y );
      input A , B;
      output X , Y;
      xor (X , A , B);
      and (Y , A , B);
endmodule
```

(b)RTL(Verilog HDL) のコード

れはコンピュータ言語のプログラミングに近い形式になっています。このRTLのコードに論理合成と呼ばれる処理をすると、論理回路を得ることができます。

このRTLが導入されて、論理回路を直接扱うより、大規模な回路が楽に設計できるようになりました。**半導体の設計というと、回路図を結線していくようなイメージを持たれる方が多いと思いますが、デジタル回路の設計はプログラミングに近い作業になります。**

そして、論理回路のシミュレーションを行ない、期待した動作が得られているかどうか確認してから、次のレイアウト設計に進みます。

なお、大規模なシステムLSIは製品完成後のテスト工程が大変重要になります。テスト時間を短くすることがコストの削減に直結するのです。ですから、この段階で効率的なテストができるように設計しておきます。テスト専用の回路を組み込むことも多いです。

そして、最後にその論理回路のデータを実際のMOSFETを使った回路に落とし込んで、レイアウトします。これは半導体製造に使うマスクのデータを出力することが目的です。

1つのLSIに搭載するMOSFETの数は数千万個から億の単位に及ぶこともあります。これだけの素子を人手で正しく結線することは不可能ですので、ここはコンピュータツールに頼ることになります。

ですから、図3−25に示すようなチップのプランを考えて大まかなブロックの配置を考えた後に、自動配線ツールというツールに実際のレイアウトを出力させます。

そうして得られたデータをシミュレーションして、期待する動作ができるかどうかを検証します。このシミュレーションはMOSFETの電気特性や配線の寄生抵抗や寄生容量が正しく考慮される必要があります。SPICE（Simulation Program with Integrated Circuit Emphasis）と呼ばれるデバイスのモデルを用意したり、素子のばら

図 3-25 ● フロアプランの検討

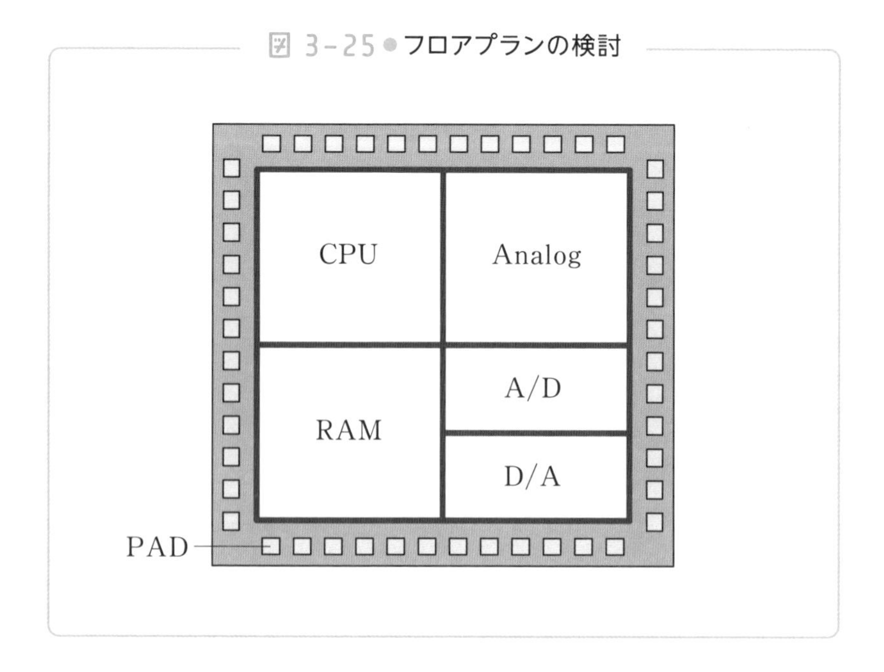

つきを考慮したりと、技術的なポイントが多い部分です。

ここまで検証が完了すると、設計データ、つまりフォトリソグラフィーのマスクのデータが完成して、製造ができるようになります。

ここまでのフローを紹介しましたが、各工程で半導体設計のソフトウェアの重要性が高いことがわかります。精度良くシミュレーションや変換ができることはもちろん、動作するスピードも重要です。LSIの設計データは非常にサイズが大きく、検証や変換に10日というレベルの時間がかかることも珍しくありません。この時間を短縮すると、設計期間を短縮させることができます。

半導体の設計に使われるソフトウェアはEDA(Electronic Design Automation)と呼ばれ、非常に高価なものです。

せみこんの窓

「インテル（Intel）」という会社

トランジスタを発明したショックレーは最終的にベル研を飛び出すことになります。そして、1956年にカリフォルニア州パロアルトにショックレー半導体会社を設立するのです。

この時ショックレーはベル研の研究者に声を掛けてみましたが、彼の気質をよく知っている仲間たちは誰も参加しませんでした。やむなくショックレーは外部から優秀な人材を大勢集めることにします。その中に後にインテルを創業して、有名になるムーア（G.E.Moore）やノイス（R.N.Noyce）らがいたのです。

ところが新会社が発足してわずか1年半後の1957年夏、ムーアやノイスを含む有能な8人のスタッフはショックレーのやり方についていけないと言ってショックレー半導体会社を去り、新たにフェアチャイルド半導体会社を設立しました。ショックレーは彼らを「8人の裏切り者」と呼んで非難したといわれています。

フェアチャイルドやインテルをはじめとする多くの半導体会社の集まるパロアルトやその南にあるサンノゼを中心とする一帯は、シリコンバレー（図3－A）と呼ばれるようになりました。

結果的にショックレーはビジネスには失敗しました。しかし、ショックレー半導体会社の設立は、優秀な人材を西海岸の一地域に集めて、半導体の研究開発を進めるきっかけになりました。これがその後の半導体の発展に結びついたことを考えると、ショックレーの会社の意味は大きかったといえるでしょう。

さて、フェアチャイルドはプレーナ技術とそれをベースとしたIC技術によって急成長を遂げましたが、それも長続きせず1960年代後半になると下降線をたどり、赤字に転落してしまいました。フェアチャイルドは経営判断の失敗とともに社内組織にも問題を

図 3-A ● シリコンバレー

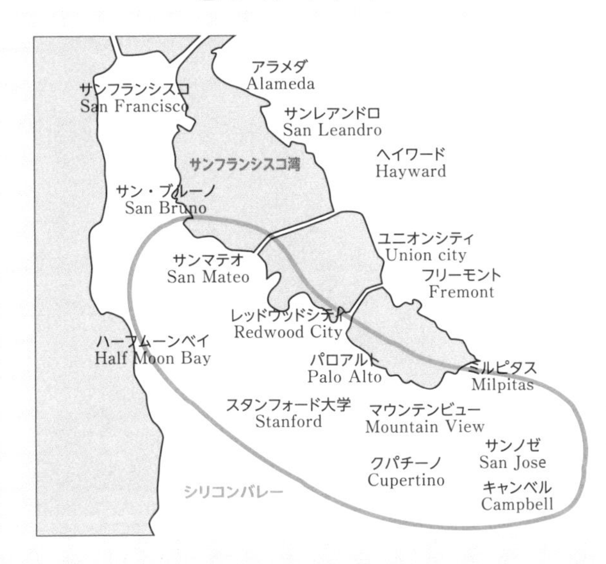

抱えていて、これに愛想をつかしたノイスは退社して新しい会社を興すことを決意しました。

ムーアやグローブもノイスに同調してフェアチャイルドを辞め、この3人が中心となって1968年に創業したのがインテルです。インテル（Intel）とは"Integrated Electronics"を略したものです。

インテルは今日でもマイクロプロセッサ（MPU）のトップメーカーとして有名です。浮き沈みが激しいシリコンバレーの半導体産業の中にあって、50年以上にわたってトップの地位を維持し続けているのは、奇跡といっても過言ではありません。そして、インテルは2つの製品によって支えられてきました。

第1はDRAMです。インテル創業者の1人であるムーアは、フェアチャイルド在籍中からシリコンゲートMOSプロセスの研究を進めていました。そして、彼が開発に成功したシリコンゲートプロセスを用いたDRAMがインテルの最初の主力製品となったのです。

創業2年目の1970年に世界初のDRAM（1kビット）を完成させ、これがヒット商品となって多大な利益を生み、インテルはその後の10年間DRAMを主製品として大きく飛躍しました。

第2はMPUです。このMPUこそが今日のインテルを世界一の半導体メーカーに押し上げた製品です。インテルがMPUを手掛けるきっかけとなったのは、3−5節で述べたように、日本のビジコン社が持ち込んだ話でまったくの偶然でした。

ビジコン社が持ち込んだのは電卓用のLSIの開発でしたが、この提案をMPUに結びつけたのが、当時インテルの技術者であったテッド・ホフの偉いところです。

インテルはDRAMで世界一の半導体製造会社となりましたが、1970年代後半になると、日本メーカーを中心とした競合他社の追い上げが激しくなります。そして1984年末にはDRAM事業から撤退せざるを得なくなりました。

この時インテルにとって運が良かったのはMPUというもう1つの技術を持っていたことです。1980年代からはMPUが主力製品としてインテルを支え、今日に至っています。MPUの発明がなければ、インテルが現在まで半導体メーカーとして生き延びることは難しかったのかもしれません。

第4章

記憶する半導体

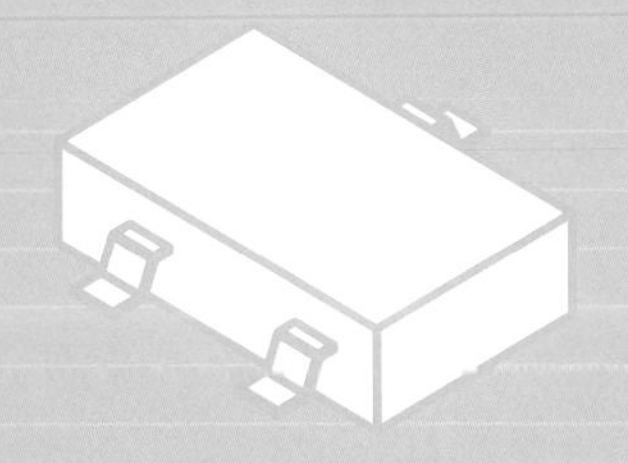

いろいろな半導体メモリ

――読み出し専用のROMと書き換えができるRAMがある

半導体は「考える」ことができる部品です。その方法について第3章で説明してきました。しかし、人間のように考えるためには、第3章で扱った半導体のようにデジタル情報を処理するだけでは十分ではありません。

何かを人間のように考えるためには、情報を「記録」しておくことが欠かせないのです。人間も考える時には、記憶にある情報を元に考えていきます。

この章では、記憶する半導体、「メモリ」について説明します。

第3章で説明したように、「考える」半導体はデジタルの世界で動きます。だから、**記録する情報もデジタル化されており、半導体メモリは情報の「1」か「0」かを記憶するように作られています。**この1か0かの情報の単位を1bit（**ビット**）と呼びます。

その半導体メモリは多数の**メモリセル**（記憶素子）から構成され、多数のメモリセルを並べて使われています。1bitが8つ集まって、1B（バイト）になります。これが1×10^6個（100万個）集まると、1MB（メガバイト）になります。そして、1MBがさらに1000個集まると1GB(ギガバイト)となるわけです。つまり、1GBはメモリセルが8×

10^9個も集まっています。

半導体メモリを情報の書き込み・読み出し機能から見ると図4−1のように分類できます。

半導体メモリにはいろいろな種類がありますが、大別すると、**RAM**（Random Access Memory）と**ROM**（Read Only Memory）に分けることができます。

RAMは、多数あるメモリセルにランダムにアクセスできるメモリです。メモリセルの場所（アドレス）を指定すれば、直ちにそのメモリセルにアクセスして記憶内容を読み出したり、消去したりすることができます。そして、また別の情報を書き込んで記憶させることができます。半導体のRAMは**DRAM**（Dynamic RAM）と**SRAM**（Static RAM）の2種類が代表的です。

この2つのメモリは電源を切る、つまり電源電圧がなくなると情報

図 4−1 ● 半導体メモリの分類

- **RAM**(Random Access Memory) ▶読み込み、書き出し用メモリ、揮発性
  - **SRAM**(Static Random Access Memory)
  - **DRAM**(Dynamic Random Access Memory)
- **ROM**(Read Only Memory) ▶読み出し専用メモリ、不揮発性
  - **Mask ROM** ▶書き換え不可能
  - **PROM**(Programmable ROM) ▶書き換え可能
    - **One Time PROM** ▶1回だけ書き込み可能
    - **EPROM**(Erasable PROM) ▶消去、再書き込み可能
      - **UVEPROM**(Ultra Violet EPPROM) ▶紫外線を利用
      - **EEPROM**(Electrically EPPROM) ▶高電圧を利用
      - **フラッシュメモリ** ▶ユーザーが消去、書き込み可能

が失われてしまうので、「**揮発性メモリ**」とも呼ばれます。

DRAMは情報の記憶に**キャパシタ**（コンデンサ）を用い、電荷の有無で情報の「1」「0」を識別します。記憶部の構造が簡単で（トランジスタ1個＋キャパシタ1個）、1ビット当たりのコストが安いという特徴があります。

ところがキャパシタに蓄えられた電荷は時間が経つと、リークによって消滅してしまいます。だから**一定の時間ごとに再度書き込みをする、リフレッシュと呼ばれる動作をする必要があります。**DRAMでは1秒間に数十回ものリフレッシュを行なうのでダイナミックと呼ばれるわけです。

SRAMは記憶部に**フリップフロップ**というCMOS回路を用いたもので、DRAMのようなリフレッシュ動作は不要で、高速動作が可能です。

反面、1メモリセル当たり4～6個のトランジスタを必要とするので回路が大きくなり、コストが高くなります。ですから、SRAMは特に高速性が要求される場所に少量だけ使われます。

ROMは読み出し専用メモリで、たくさん並べたメモリセルに情報をあらかじめ書き込んでおき、同じ情報を何度でも読み出せます。

情報としては命令プログラムや初期設定データなどが主で、電源が切られても記憶内容が保持されなければなりません。ですので、電源を切っても情報を保持できる「**不揮発性メモリ**」です。

Mask ROMは半導体の製造工程で配線を焼き切るなどして情報を書き込み、二度と情報を変更することはできません。洗濯機や炊飯器などに使われるマイコンは、内蔵されているMask ROMに書き込まれたプログラムよってそれぞれの動作を行ないます。

読み出し専用といっても、特殊な方法で情報の消去や書き込みが可能なROM（EPROM：Erasable Programmable ROM）もあります。紫外線や高電圧など、特殊な方法を使うと、記憶された内容を消去することができます。これらは確かに消去や書き込みが可能なものの、特殊な設備が必要となり、一般のユーザーでは行なえません。

高電圧を使って情報を書き込むEEPROMの技術を発展させたものに、**フラッシュメモリ**があります。これはパソコンやスマホなど、ユーザーが情報の消去・再書き込みを行なえます。便利なので、世の中で広く使われています。ですので、RAMに近いともいえますが、ここではEEPROMを発展させたものということで、ここに分類しています。

この中で、SRAM、DRAM、フラッシュメモリは特に重要なので、押さえておくようにしましょう。これらは、後の節で詳しく説明していきます。

その前にこれらのメモリの使い分けについて説明します。ここで、なぜ色々な種類のメモリを使い分ける必要があるのか、と疑問に思う方もいるかもしれません。
それはメモリの特性とコストに関わってきます。

情報をなるべく高速に処理する、そしてなるべく安価にシステムを構成するために、演算装置に近い位置に高速なメモリを配置し、遠い位置には低速で安価なメモリを配置するという工夫が必要になります。

図4−2に示すように、CPUの近くには高価ですが高速なSRAMを配置し、その外にSRAMよりは遅いが安価なDRAMを配置し、さらに外には低速ですが安価なフラッシュメモリを配置しています。

自分の机で、本を読みながら調べものをしていることを考えてみましょう。机の上にある数冊の本が、すぐに取り出せるSRAM。そして、部屋の本棚にある数十冊の本が、取り出すのに少し時間のかかるDRAM。さらに、図書館にある数万冊の本が、取り出すのに時間はかかるが大容量のフラッシュメモリという感覚です。

このように、アクセススピードとコストを兼ね備えるために、メモリが使い分けられているのです。

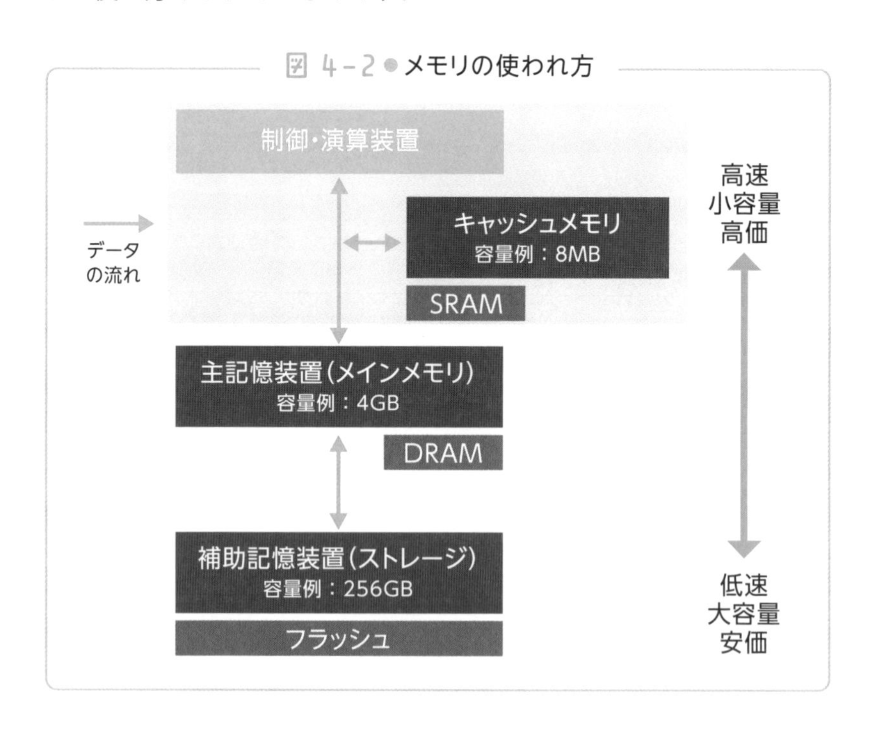

図4−2 ● メモリの使われ方

半導体メモリの主役：DRAM

―― コンピュータの主記憶装置に使われる

1960年代後半から、アメリカで半導体メモリが登場し始めました。バイポーラのRAMやSRAMなど、様々なメモリが登場しました。これはコンピュータで使われている磁気コアメモリの置き換えを狙ったものです。

その中で、最終的にメインストリームとなったのが、本節で説明する**DRAM**（Dynamic Random Access Memory）です。インテルが1970年に発売した1103と呼ばれる世界初のDRAMが成功を収め、コンピュータメモリを一気に置き換えていきました。

DRAMはその機能だけなく、半導体デバイスの高集積化を牽引していく役割も果たしました。そして、今なお主要な半導体メモリの1つとして使い続けられています。

その**DRAMのメモリセルは図4−3に示すようにMOSFETが1個とキャパシタ（コンデンサ）1個で構成されています。**MOSFETはメモリセルを選択するスイッチの役割をし、キャパシタに電荷が蓄えられている状態が「1」、電荷がない状態が「0」を表わします。

大量の情報を記憶する必要があるDRAMは、このメモリセルを図4−4のようにマトリクス状に配置します。そして、それぞれセルのトランジスタを**ワード線**と**ビット線**で接続した構成になっています。

図 4-3 ● DRAMのメモリセル

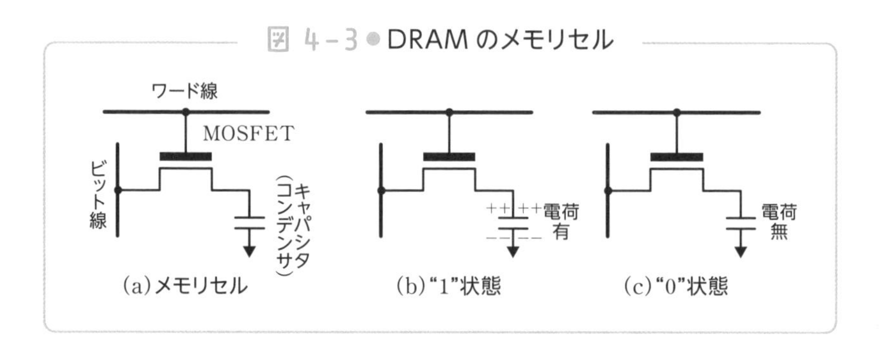

図 4-4 ● DRAMの構成

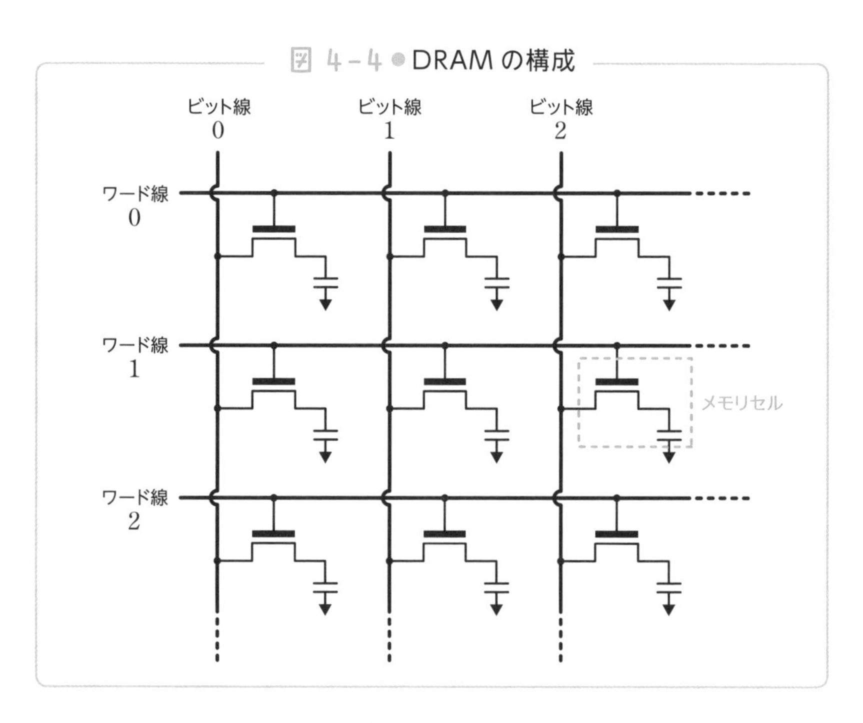

このワード線とビット線でメモリセルへの書き込み、読み出しが行なえます。

書き込み、読み出しの方法を図4−5に示します。

同図(a)のように「1」を書き込むには、対応するトランジスタに接続されたワード線の電圧を上げてトランジスタをONにします。そし

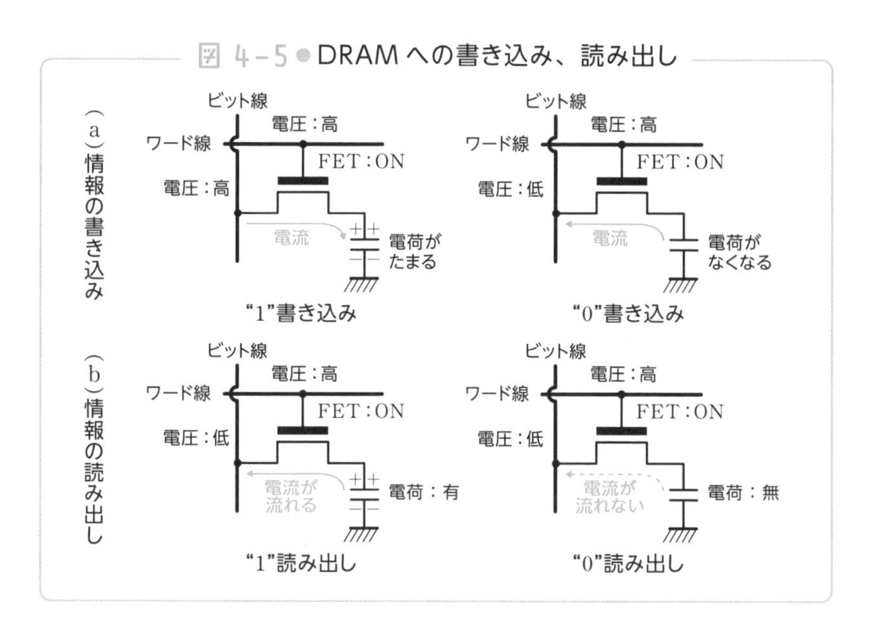

て、ビット線の電圧も上げてトランジスタを通してキャパシタに充電します。一方、「0」を書き込むには、ビット線の電圧を下げた状態でワード線の電圧だけを上げます。そうして、MOSFETを通してキャパシタが放電するようにすれば、キャパシタの電荷はなくなります。

ワード線の電圧を上げると、そのワード線につながっているすべてのメモリセルのトランジスタがON状態になります。ですから、ビット線の数だけの「0」「1」を一度に記憶できます。このようにしてワード線とビット線の電圧を高と低に切り替えることで、全メモリセルに情報を記憶させることができます。

メモリセルに蓄積された情報を読み出すには、図4−5(b)に示すように、まずワード線の電圧を上げてトランジスタをONにします。そしてキャパシタからビット線に電流が流れ出すかどうかを検出します。

「1」が記憶されていれば、キャパシタからの放電電流が流れ込むため、ビット線の電圧が瞬間的に上がります。「0」が記憶されていれば、放電電流は流れ込まないので、ビット線の電圧は上がりません。

ここで、このような読み出しをすると、キャパシタに蓄えられていた電荷が流出して、記憶内容が失われます。そのためメモリセルから情報を読み取った直後に、同じ情報をメモリセルに書き込むことで、メモリの情報を保持する仕組みになっています。

また読み出し操作を行なわなくても、トランジスタを介して微少なリーク電流があるため、キャパシタに蓄えられていた電荷が徐々に失われてしまいます。そのため一定時間（およそ0.1秒）ごとに同じ内容の情報を書き込む**リフレッシュ**が必要になります。

DRAMはリフレッシュが必要なため、消費電力が多くなったり、複雑な制御が必要という短所があります。一方、1ビット当たり1個のトランジスタで実現できますので、構造が簡単で、少ない面積に多くの情報を記憶できるという、大きな長所を持っています。

リフレッシュというデメリットにもかかわらずDRAMがメモリ製品として多く生産されているのは、単位面積あたりの情報密度が高いからです。

1970年にインテルによって作られた世界初のDRAMである1103は、1kビット（1024ビット）のLSIメモリで、この時の1ビットのメモリセルはトランジスタが3個とキャパシタが1個という構成でした。

次の世代の4kビットDRAMで、テキサス・インスツルメント（TI）社がトランジスタ1個とキャパシタ1個の構成を実現しました。そして、それ以降の16kビットDRAMからはすべてトランジスタ1個とキャパシタ1個の構成になりました。

LSIメモリのビット当たりコストは、1チップに搭載するビット数が大きいほど安くなります。そのためDRAMも1973年に4kビット、1976年に16kビット、1980年に64kビット、1982年に256kビット、1984年には1Mビットと、図4−6に示すように技術進歩に合わせて大容量化が進められました。

1チップに搭載されるトランジスタ数を増やすには、チップ面積を増やせばよいと単純に考えるかもしれません。しかし、チップサイズを大きくすると1枚のウェーハからとれるチップ数が少なくなり、歩留まりも低下します。それでコストが上がってしまうのです。

チップサイズを大きくせずにトランジスタを大量に集積するには、トランジスタのサイズを小さくすることです。それには回路パターンを微細にする必要があります。

最初の1kビットDRAMの線幅が10 μmだったのに対し、最近では1/500の20nmを切るまでに微細化が進められています。この半導体回路の配線の幅をプロセスルールといいます。図4−6にはこのプロセスルールの傾向も併せて示してあります。

図 4−6 ● DRAMの構成

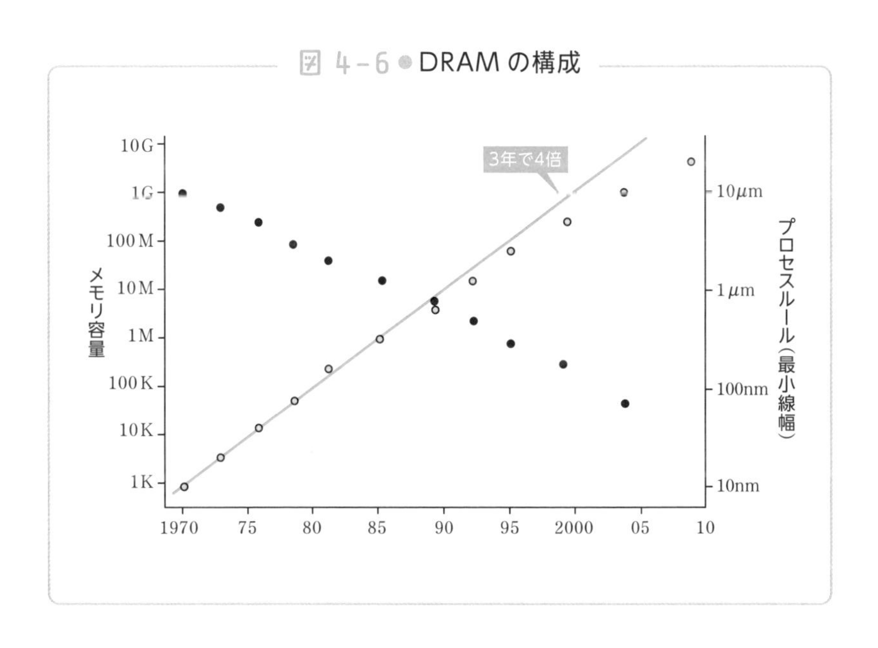

DRAMの構造

——MOSFETとキャパシタを同じシリコン基板上に作る

前節で述べたように、DRAMのメモリセルはMOSFETとキャパシタで構成されます。ここでMOSFETだけでなく、キャパシタもSi基板上に作ることになります。その際、読み出しに必要な電荷はある程度決まっています。だから**メモリ容量を増やすには、同じ容量のキャパシタを、いかに小さな面積で実現できるかが重要になります。**

図4−7はメモリセルの断面図を示したものです。

図の左側に示したのが初期のメモリセルに使われたプレーナ（平面型）セルで、左半分がMOSFET、右半分がキャパシタになっています。

キャパシタは2枚の電極の間に薄い絶縁膜（図ではSiO_2）をはさんだ構造で、MOSFETとは電極で接続されています。キャパシタに必要な電荷を蓄えるには、一定の静電容量つまりキャパシタの面積を確保する必要があります。しかし、DRAMの大容量化に伴い、メモリセルの縮小が要求され、それはキャパシタの面積にも及びます。

1980年代後半のメガビット時代に入ると、それまでのようにSi基板表面に平面型のキャパシタを形成する余地がなくなってきました。そこで考え出されたのが図4−7の右側に示すような立体構造のキャパシタです。これには「**トレンチセル**」と「**スタックセル**」の2つの

図 4-7 ● キャパシタの構造

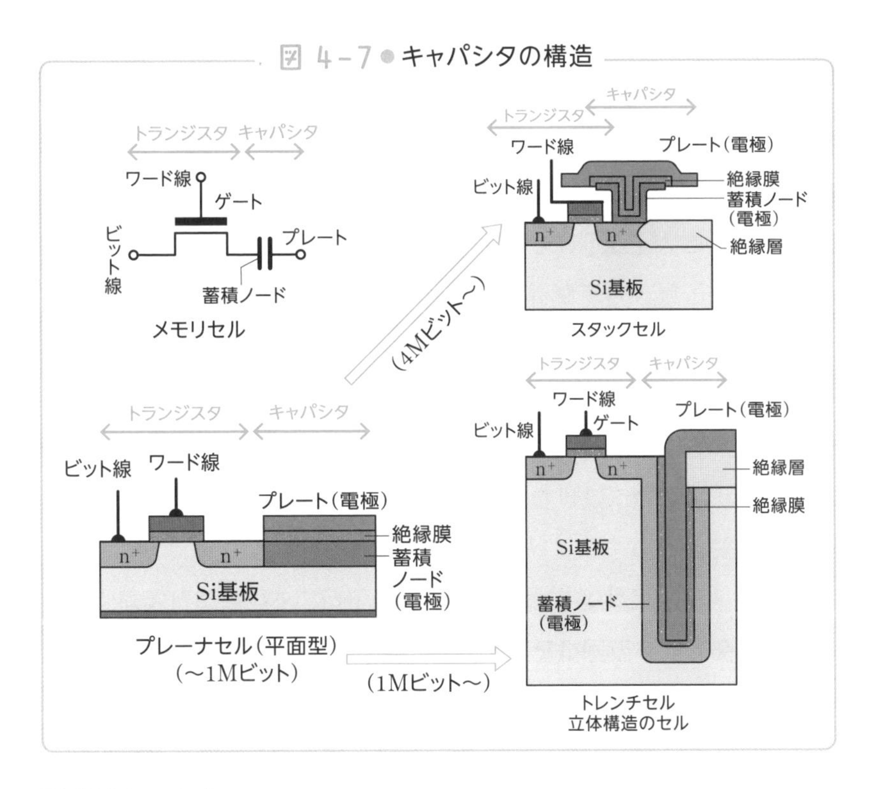

形式があります。

トレンチセルはSi基板に垂直な溝を作り、その側壁にキャパシタを形成することにより広い電極面積を確保し、必要な容量のキャパシタを実現したものです。これに対してスタックセルは、MOSFETの上にかぶさるようにキャパシタを積み上げることで必要なキャパシタの容量値を確保するものです。

トレンチセルとスタックセルは日立の角南英夫および小柳光正の発明で、2人とも東北大学の西沢潤一教授の門下生でした。フラッシュメモリを発明した東芝の舛岡富士雄も西沢潤一研究室の出身です。西沢教授が多くの優秀な半導体技術者を送りだしたことは、半導体技術の発展に大きく寄与しました。

角南や小柳のメモリセル構造は、キャパシタ部を3次元化することで多くの電荷量を蓄積させることができます。これらは1M～4MビットDRAMから本格的に採用されて1980年代以降のDRAMに欠かせない技術となりました。

このような大容量DRAMの開発・製造で世界をリードしたのは日本の企業でした。角南や小柳の日立だけでなく、東芝や日本電気などの企業が世界一を争いました。

大容量DRAMに使用するキャパシタの容量値を確保するには面積だけでなく、電極に挟まれる絶縁体に誘電率の高い材料を用いることも有効です。

同時にリーク電流が小さく、LSI化する時にSi結晶体とよく馴染むことも必要です。リーク電流が大きいとキャパシタに電荷を保持できる時間が短くなり、リフレッシュ周期が短くなって待機時の消費電力が増大します。

最初の頃は絶縁膜にシリコン酸化膜（SiO_2膜、比誘電率4）が使われましたが、1980年代になると誘電率がより大きい窒化膜（Si_3N_4膜、比誘電率8）が主に使用されるようになりました。

また64MビットDRAM以降になると、電極面に凹凸をつけて実効面積を2倍以上にするHSG（Hemi－Spherical Grain）という方法も採用されました。そして2000年以降のギガビット時代になると、比誘電率が数十以上のTa_2O_5やAl_2O_3/HfO_2などを用いたキャパシタが使用されるようになりました。さらにはリーク電流を抑えるためにアルミナ（Al_2O_3）が使われるようになります。つまり、高誘電率のZrO_2でアルミナ層を挟んだ3層構造の$ZrO_2/Al_2O_3/ZrO_2$です。

高速で動作するSRAM

―― フリップフロップを使ったメモリ

次にSRAM(Static Random Access Memory)です。SRAMはフリップフロップと呼ばれるデータを保持できるロジック回路を利用しています。つまり、他のメモリのように特別な工程（例えばDRAMであればキャパシタ）が必要なく、CMOSのプロセスにそのまま導入することができます。

SRAMの構成を図4－8(a)に示します。SRAMの記憶部分は同図(b)に示すようにインバータ(NOT素子)を2つ組み合わせた形になっています。インバータは入力と出力を反転させる回路で、入力が0なら出力は1、入力が1なら出力は0になります。

図 4－8 ● SRAMの構成

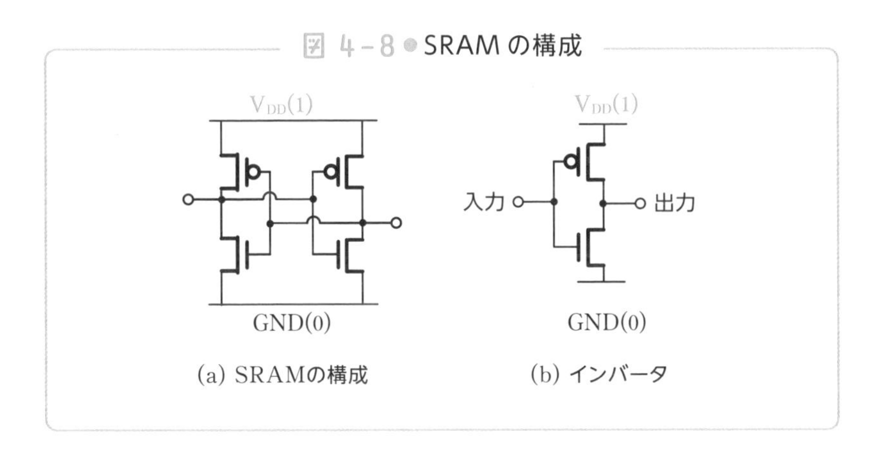

このインバータ回路を使って、どのようにデータ保持するのかを図4−9に示します。

図 4−9 ● SRAMのデータ保持

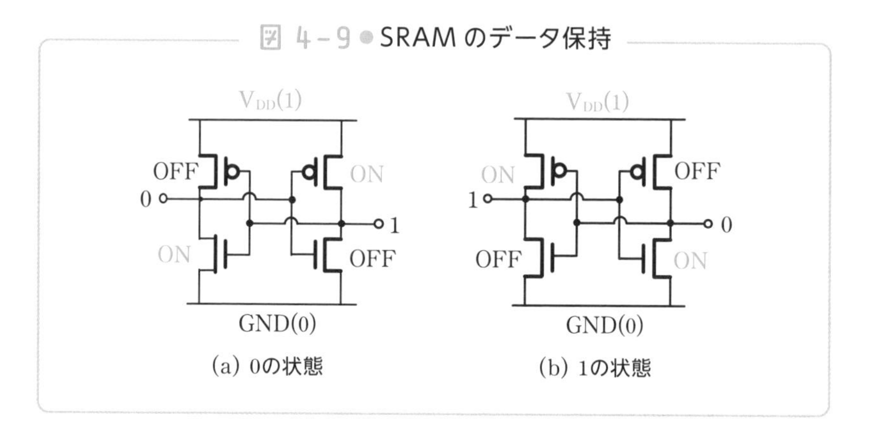

(a) 0の状態　(b) 1の状態

まず、0の状態です。この時に左のインバータの出力が0、右のインバータの出力が1になっています。左のインバータの出力は右のインバータの入力につながっており、右のインバータの出力は左のインバータの入力につながっています。ですので、この状態を安定して保持できます。

一方、1の状態では、すべての状態が逆になって、左のインバータの出力が1、右のインバータの出力が0という状態を安定的に保持します。

また、右と左のインバータの出力が同じ値、つまり0と0、1と1という状態は安定して存在できません。ですので、とりえる状態は図に示す2つだけになります。これをメモリとして使います。**0と1の状態は安定して保持できるため、DRAMのようなリフレッシュ動作は不要です。**

次にデータの読み出し、書き込みの方法について、図4−10を使って説明します。

DRAMはWL（ワード線）とBL（ビット線）が1本ずつでしたが、SRAMは出力が2つあるので、ビット線がBLとBLBの2本あります。図4−9の議論のように、データが保持されている時はBLとBLBは逆になります。すなわち、BLが0ならばBLBは1、BLが1ならばBLBは0ということです。

データを読み出す時にはWLを1にします。すると、読み出し用のnMOSがONとなり、BLやBLBからデータを読み出せます。DRAMは読み出しの時に、キャパシタの電荷を放電してしまうので、そのデータを保持するためには、もう一度書き込みが必要でした。しかし、SRAMではそのような動作は必要ありません。

一方、データを書き込むためには、BLとBLBに書き込みデータを入力して、WLに1を入力します。さらに書き込み用のnMOSをONにするとデータが書き込まれます。例えば、0を書き込みたいのであれば、BLに0をBLBに1を入力した後でWLを1にすると、0が書き込まれます。

図 4−10 ● SRAMのデータ書き込み・読み出し

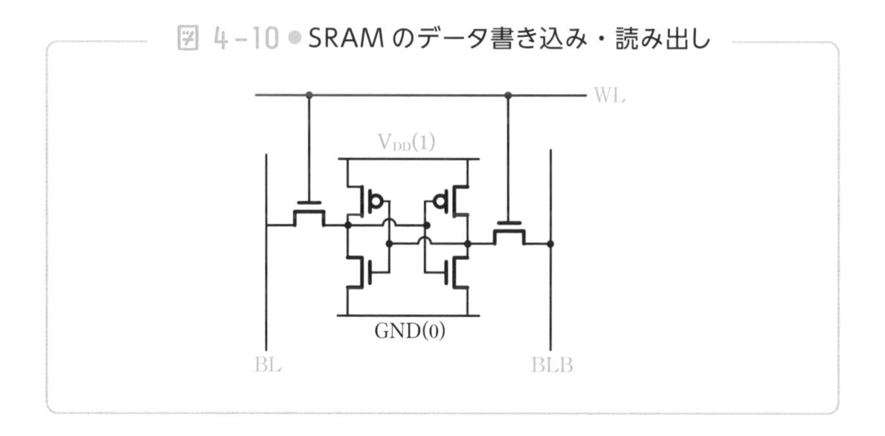

図4−10はデータ保持用のMOSFETが4つ、読み出し書き込み用のMOSFETが2つ、合計6つのMOSFETで構成されており、SRAMの標準的な構造です。

1つのセルに対して6つものMOSFETが必要となるので、DRAMと比べて必要な面積が大きくなります。しかし今までの議論でわかるように、リフレッシュが不要で、高速に読み書きができます。また、CMOSプロセス回路に特別な工程の追加なしに作製できるというメリットもあります。

 フラッシュメモリの原理

——USBメモリやメモリカードに使われる

フラッシュメモリは、パソコンで使われるUSBメモリや、デジタルカメラやスマホのメモリカードなどで利用されています。電源を切っても記憶内容が失われない不揮発性メモリでありながら、DRAMのランダムアクセスと同様に記憶内容の読み出し、消去、書き込みができます。ただし、動作が遅いためDRAMの代わりには使えません。

フラッシュメモリは、東芝の舛岡富士雄により、1984年に発明されました。

DRAMでは記憶情報はメモリセルのキャパシタに蓄積された電荷で表わしました。一方、フラッシュメモリではMOSFET内に設けられた**フローティングゲート**に電荷を蓄積します。

図 4-11● フラッシュメモリセルの構造（断面図）

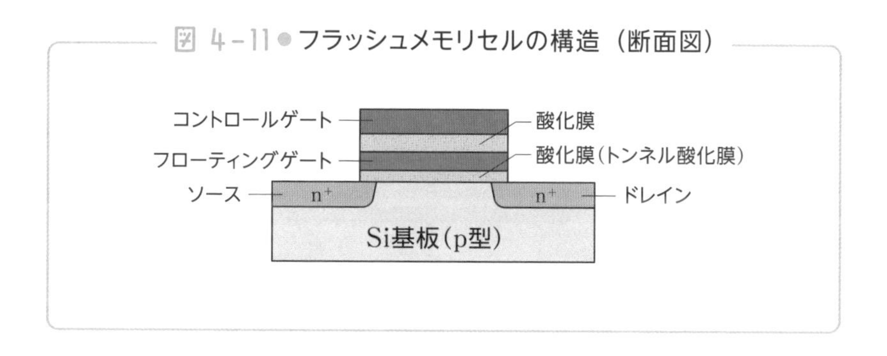

図4−11にそのフラッシュメモリの構造を示します。MOSFETのゲート電極とSi基板との間にどこにもつながっていないフローティングゲートがあります。

このフローティングゲートがフラッシュメモリの特徴です。**ここに電荷を貯めると周りが酸化膜（SiO_2）の絶縁体なので、電荷（電子）はどこにも逃げられません。そのため電源を切ってもメモリ内容が消えない不揮発性メモリになります。**

フラッシュメモリでは、フローティングゲートに電荷が蓄積されている状態を「0」、電荷がない状態を「1」としています。このフローティングゲートに電子を蓄えたり放出したりすることで情報を記録・保存します。

「0」を書き込む場合は、図4−12(a)に示すように、ソースとドレ

図4−12●情報の書き込みと消去

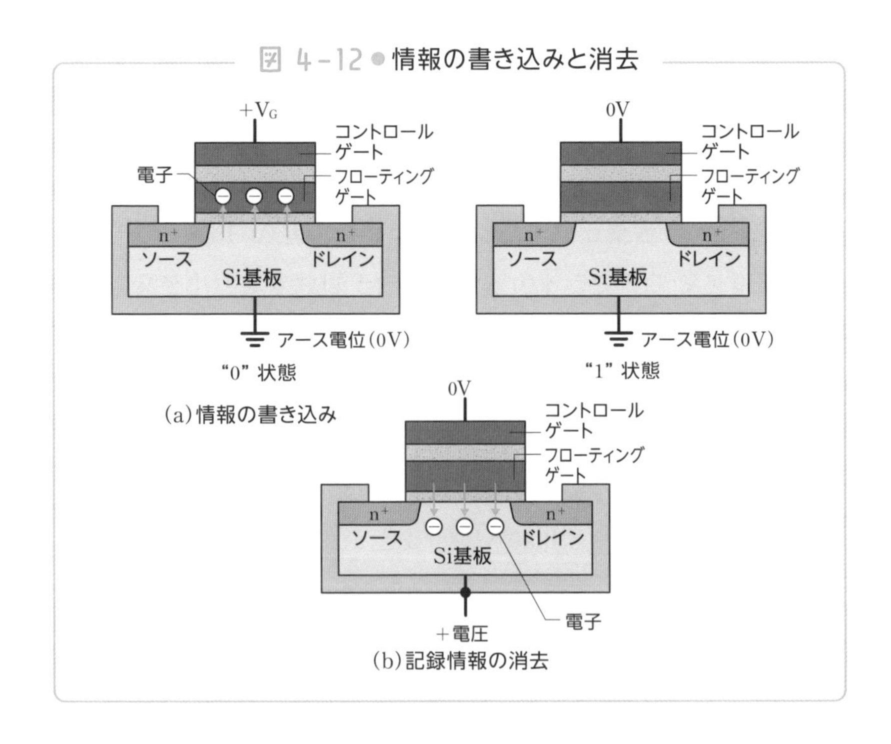

インおよび基板を0Vとして**コントロールゲート**にプラスの電圧を加えます。

するとSi基板中の電子が酸化膜を通り抜けてフローティングゲートに蓄積されます。絶縁体の酸化膜を電子が通るのは不思議ですが、酸化膜の厚さを数nm程度まで薄くしておくと、トンネル効果によって電子は酸化膜を通り抜けることができます。

そのためSi基板とフローティングゲートの間の酸化膜をトンネル酸化膜と呼びます。情報「1」を書き込む時は、フローティングゲートに電子が存在しない状態なので何もしません。

情報を消去する時、すなわちフローティングゲートに電子がない状態にするためには、図4−12(b)に示すように、コントロールゲートを0Vにし、ソース、ドレイン、基板にプラスの電圧を加えます。するとフローティングゲート内の電子は、電圧が高い基板側にトンネル効果で酸化膜を通り抜けて移動します。その結果、フローティングゲート内の電荷がなくなります。

一方、情報の読み出しは、コントロールゲートに一定のプラス電圧

図 4−13 ● 記録情報の読み出し

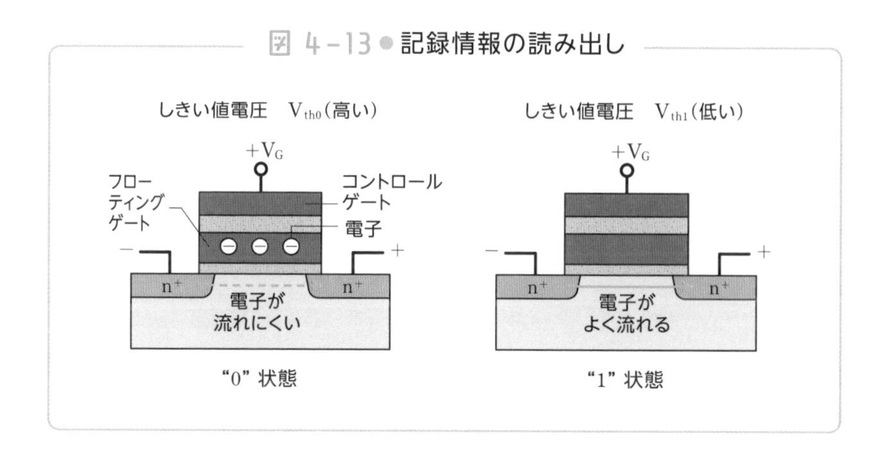

をかけてソースからドレインに流れる電流を読み出します（図4－13）。

フローティングゲートに電子が蓄積されていると（「0」状態）、電子のマイナスの電気によってコントロールゲートに加えられたプラスの電圧が打ち消されて電流が流れにくくなります。

電子が蓄積されていないと（「1」状態）、ゲート電圧はそのまま基板に加わりMOSFETの動作と同じように電流が流れます。この違いで「0」か「1」かを判定できます。

フローティングゲートに電荷が蓄積されている状態（図4－13の「0」状態）でも、コントロールゲートに加える電圧を高くすれば、ソース・ドレイン間に電流が流れます。

つまり、フローティング電荷の量によって、トランジスタの電流が流れ始めるしきい値電圧（Vth、89ページ参照）をコントロールして、情報を記憶しているとも考えられます。

これまでの説明では、図4－14(a)のように1個のメモリセルに記録される情報は「0」か「1」かの1ビットでした。

しかし、しきい値電圧をコントロールすると考えると、同図(b)のようにフローティングゲートに貯えられる電荷の量を満杯から空まで4段階に分けることができます。そして、それぞれのレベルを情報の「01」「00」「10」「11」に対応させると、1個のセルで2ビットの情報を記録させることができます。

読み取りの際は、それぞれの状態に対応してしきい値電圧が変わるので、$V_{th01} > V_{th00} > V_{th10} > V_{th11}$としきい値で状態を判定できます。

このように4つの状態を制御する方法をMLC（Multi Level Cell）といいます。一方、2つの状態だけを制御する方法をSLC（Single Level Cell）と呼びます。

図 4-14 ● フラッシュメモリの SLC と MLC

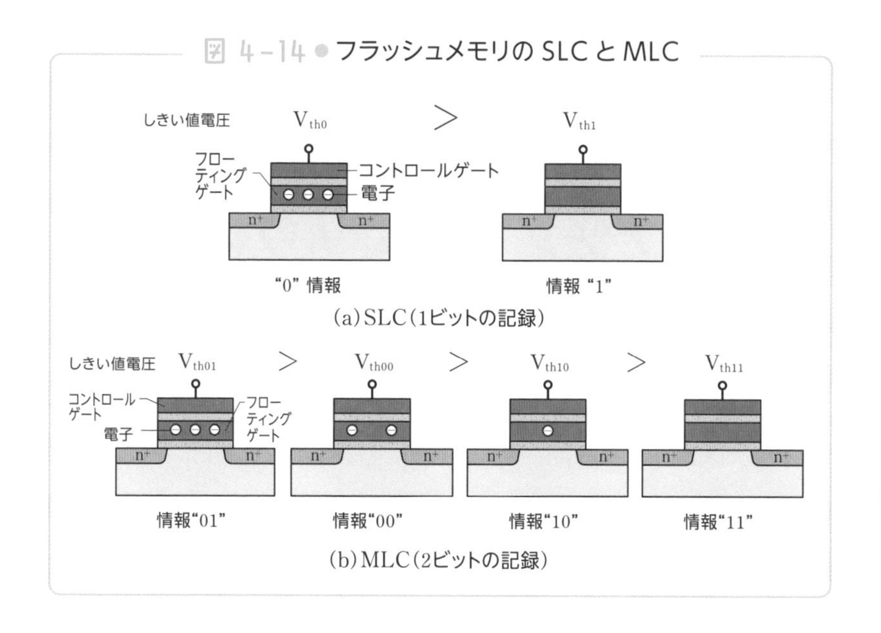

MLCにすれば1個のセルで2ビットの情報を記録できます。そしてさらにV_{th}の区切りを増やして、3ビット、4ビットを記録することも可能で、それだけ大容量化が進められます。ただし、MLCはフローティングゲートへの書き込み電圧の制御など技術的に難しい上、MOSFETの特性のばらつきに敏感になるので、レベル数を多くすることは困難です。

また、フラッシュメモリは情報を記録・消去する時に、10V程度の比較的高い電圧を使って、電子にトンネル酸化膜を突き破らせます。ですので、書き込みを繰り返すと酸化膜が劣化し、最終的には電子を保持できなくなります。**つまり、他のメモリに比べると寿命が短いです。また、書き込みが遅いというデメリットもあります。**

一方、フラッシュメモリはDRAMと違ってキャパシタを使っていないので、1チップに搭載できるメモリセルの数が多く、大容量化が可能です。

フラッシュメモリの構成

―― NAND型とNOR型

フラッシュメモリもDRAMと同様に多数のメモリセルを縦横にマトリクス状に配列して構成されます。そして、その構成には**NOR型**と**NAND型**の2種類があります（図4―15）。

図4-15 ● NAND型とNOR型

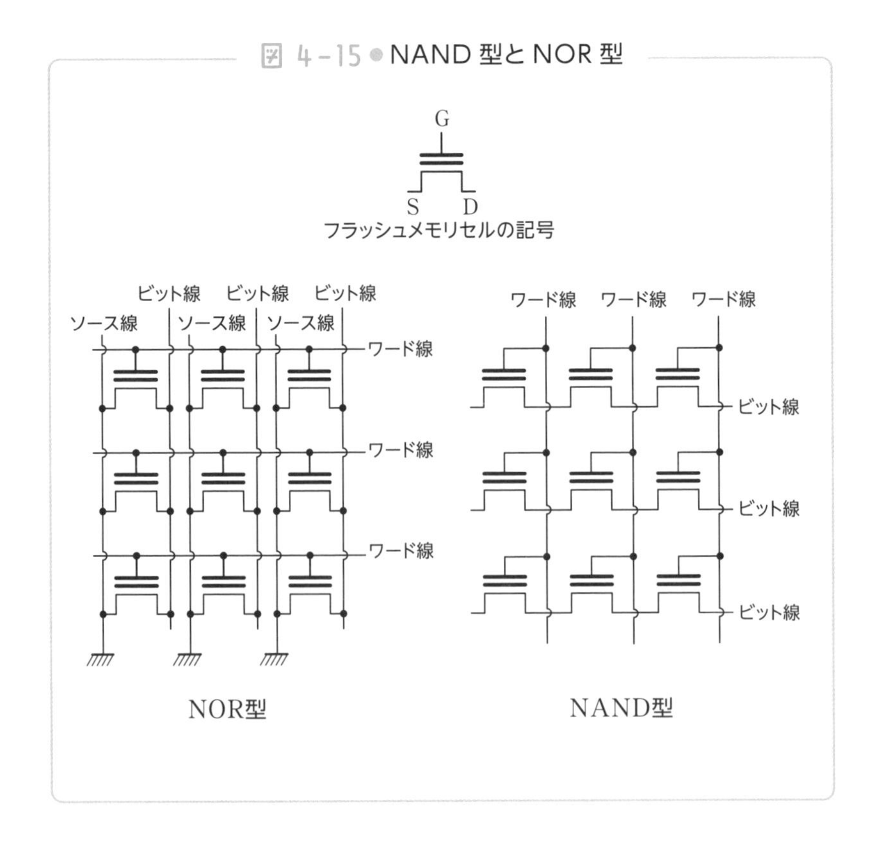

図4－16にNOR型のフラッシュメモリの構成を示しています。ワード線とビット線だけでなく、ソースの電流を流す、「ソース線」が存在しています。

NOR型のフラッシュメモリの動作はDRAMに近く理解しやすいです。例えば、図中の注目するセルの値を読み込む時には、対応するワード線に読み出し電圧を与え、ビット線の電流から情報を読み取ります。一方、消去や書き込みの時はビット線に書き込みの電圧を与え、ワード線にも電圧を与えて書き込みます。

実際の動作は複雑なのでDRAMのように電圧が0と1の2値ではありませんが、1セルずつ読み出し、書き込みをすることは同じです。言い換えると、ランダムアクセスができるわけです。

図 4－16 ● NOR型の読み書き

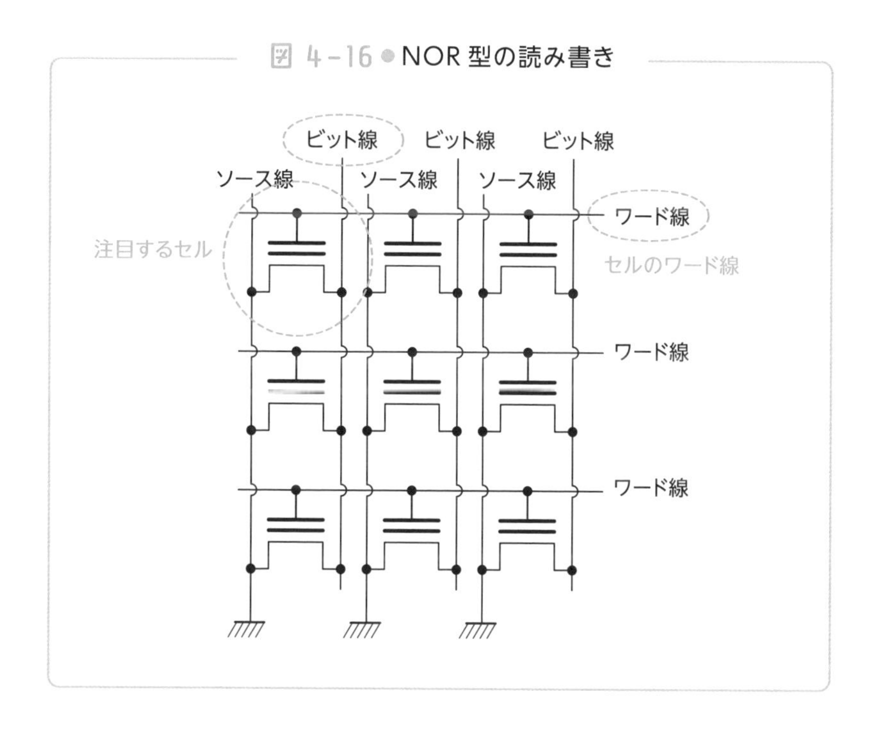

一方、図4−17はNAND型フラッシュメモリの構成を示したものです。

NAND型の構成として、同一のワード線につながる複数のメモリセル列を「ページ」と呼び、多数のページをワード線でまとめた集まりを「ブロック」と呼びます。

図 4-17 ● NAND 型の読み書き

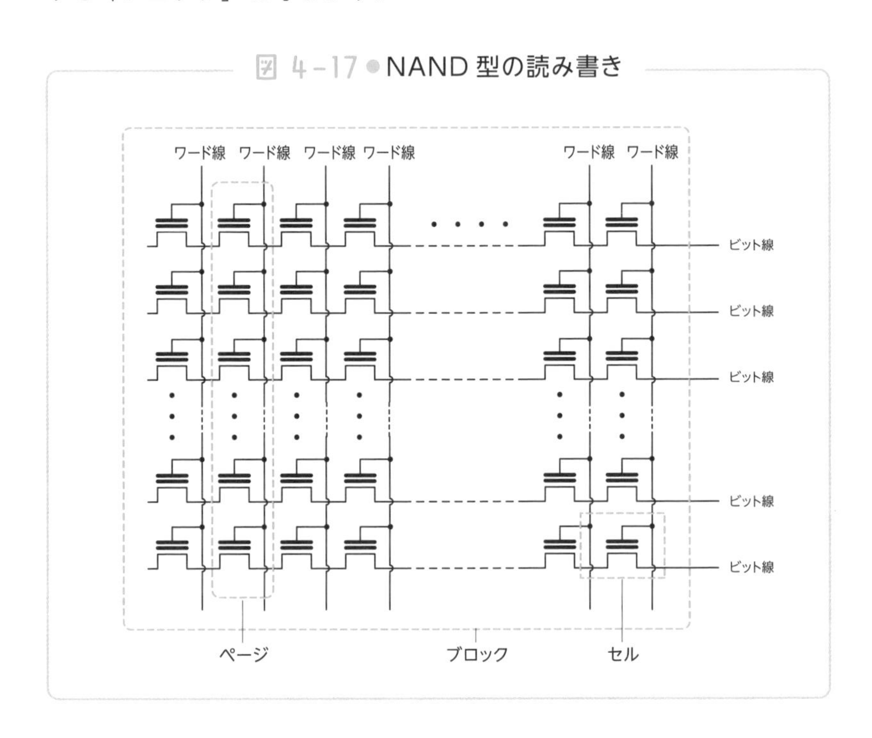

そして、図4−18に、1本のビット線でつながったメモリセルの列を示しています。特徴として、同じビット線につながっているMOSFETのソースとドレインが直列につながっていることがわかります。この1列につながったMOSFETを半導体基板上に作成すると、下の図のような断面図になります。

隣接するトランジスタのソースとドレインは基板内に作られたn^+型領域で共有され、表面に電極を設ける必要がありません。**電極が不**

図4-18●NAND型のフラッシュメモリの断面図

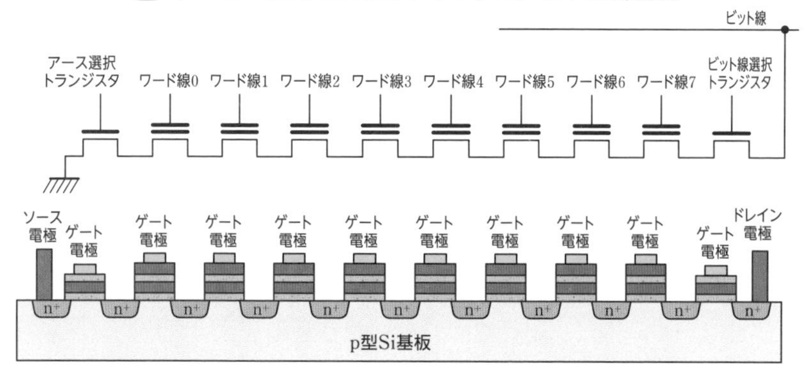

要な分だけ集積密度を上げることができるわけです。

ただしこの構造の場合、**1本のビット線に流れる電流は、1つのNOR型より少なくなってしまいます。それが原因で読み出しのスピードは遅くなります。** また、1つのメモリセルが小さくなり、フローティングゲートの電荷が少なくなることなどが影響して、**データ保持の信頼性は低くなります。**

次にNAND型の消去と書き込みの手順です。

NAND型の消去は複数のページからなるブロック単位で行なわれて、書き込みはページ単位で行なわれます。

このため、あるページを書き換えるために、まずそのページを含むブロック全体をいったん外部に一時的に保存してからブロック全体を消去し、改めて保存先でデータを書き換えてから空きブロックに記録します。

つまり、**たった1ビットの書き換えでもブロック全体の消去が必要です。** このように広範囲で一括まとめて消去するので、“フラッシュ”という名前が付けられたのです。

ただし、書き込みはページ一括で行なえるので、書き込み速度はNOR型より速いです。

NOR型とNAND型を比較すると、NOR型のメリットは読み出しが速く、データの信頼性が高いということです。ですので、例えば家電のマイコンで、簡単なプログラムをメモリに格納して実行する場合、読み出しが速い方が有利なのでNOR型が使われます。それほど容量は多くないし、ほとんど行なわれない書き込みが速いよりも、信頼性の高さや読み込みが速いメリットが大きいからです。

しかし、フラッシュメモリの多くの用途はUSBメモリやSSDなどのデータ格納用ですので、書き込みも多く行なわれます。そして、この場合は高集積化のメリットはとても大きいです。ですからフラッシュメモリの主流はNAND型になっています。

ユニバーサルメモリへの取り組み

――DRAMやフラッシュの置き換えを狙う次世代メモリ

ここまでDRAM、SRAM、フラッシュメモリを紹介してきました。

フラッシュメモリは不揮発性、すなわち電源を切っても情報を保持できるという素晴らしい特徴があります。もし、揮発性メモリであるDRAMをフラッシュメモリで置き換えられると、電源を切ってもメモリの内容を保持できるので便利に使えますし、同じメモリを使いまわせるという点で有利です。

しかしながら、フラッシュメモリは動作速度が遅いため、DRAMのようにメインメモリとしては使えません。ですので、DRAMのように高速動作する不揮発メモリの開発も進められています。

次世代メモリとして代表的なものは、**磁気抵抗メモリ**（Magnetoresistive－RAM）、**相変化メモリ**（Phase change－RAM）、**抵抗変化メモリ**（Resistive－RAM）、**強誘電体メモリ**（Ferroelectric－RAM）などがあります。

簡単に原理を説明すると、磁気抵抗メモリは磁気の向き（スピン）による抵抗変化で情報を記録します。相変化メモリは記憶層の結晶状態の変化による抵抗変化を使います。抵抗変化メモリは記憶層に電圧パルスを印可して状態を変化させ、その抵抗変化に情報を記録します。

強誘電体メモリは強誘電体の分極による容量変化に情報を記録します。

いずれも不揮発性メモリですので、フラッシュメモリのように電源を切っても情報を記録することができます。

それぞれのメモリの特徴をまとめたものを表4−1に示します。この表は特徴をざっくりまとめたもので、使用用途や開発状況によって評価が変化することはご留意ください。

次世代メモリはDRAMやフラッシュメモリの置き換えを狙ったものですが、やはりその集積度の高さに勝つのは難しいようです。またこの表にはありませんが、新しい材料や製造工程を導入するにはかなりのコストがかかるため、それに見合うだけのメリットが見出せていないのが現状です。

次世代メモリの例として、磁気抵抗メモリの構造を紹介します。

MTR(Magnetic Tunnel Junction)素子と呼ばれる、MRAMの記憶

表 4−1 ● 次世代メモリの性能比較

		揮発性	集積度	書込回数	動作速度
	DRAM	揮発	◎	○	○
	SRAM	揮発	△	○	◎
	フラッシュ	不揮発	◎	×	×
次世代メモリ	MRAM (磁気抵抗メモリ)	不揮発	△	○	○
次世代メモリ	PRAM (相変化メモリ)	不揮発	△	○	○
次世代メモリ	ReRAM (抵抗変化メモリ)	不揮発	○	○	△
次世代メモリ	FeRAM (強誘電体メモリ)	不揮発	△	○	○

素子を図4－19に示します。図のように記憶素子は3層構造になっていて、記録層、トンネル層、固定層で構成されています。このうち、固定層は強磁性体で特定の方向の磁化を持っています。記録層は外から磁化の方向を変えられるようになっています。トンネル層は記録層と固定層を隔てるためにあります。

ここで記録層と固定層の磁化の向きが同じだと電流が多く流れ、固定層の磁化の向きが逆だと電流が少なくなるという特徴があります。ですから、記録層の磁化をコントロールして、メモリとして利用することができます。

記録層の磁化をコントロールする方法としては、ワード線やビット線に電流を流して、その外部磁場を用いる方法や、スピンの偏極を起こした電子電流を流す方法があります。

図4－19 ● MTR素子への情報の記録方法

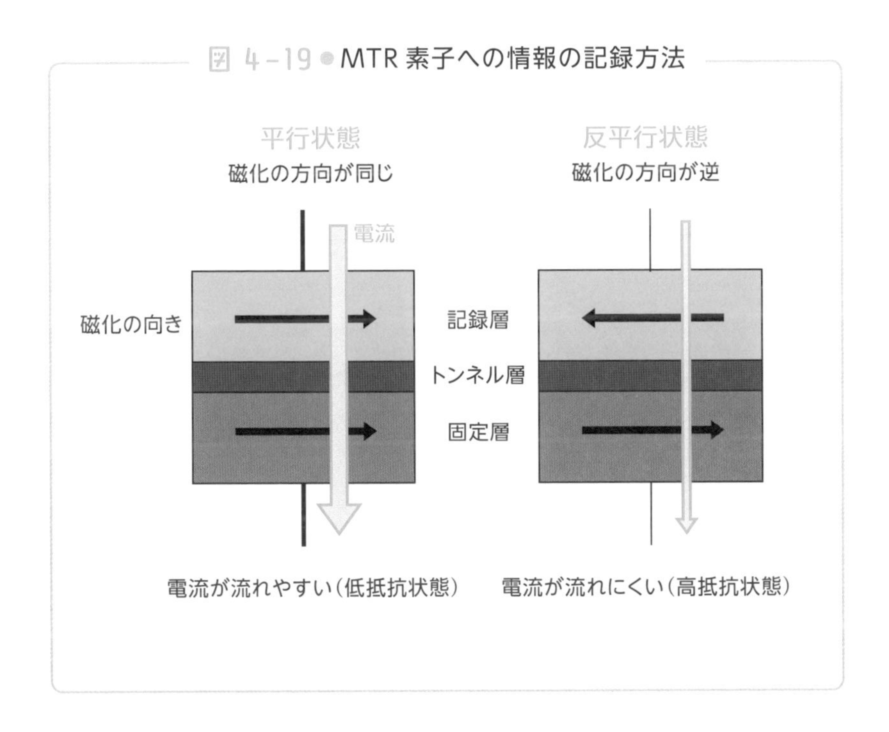

このMTR素子とMOSFETを図4−20のように接続すると、メモリとして使えるようになります。MTR素子は不揮発で高速動作できるのはもちろん、低消費電力で動作するという特長もあり、製品への適用が期待されています。

現在のところ、どの次世代メモリもまだ技術的・コスト的な課題を完全に解決できていないのが現状です。さらに、DRAMやフラッシュメモリが高集積化、低電力化、高速化と進化を遂げていることもあり、なかなか既存のメモリを置き換えるには至っていません。

しかし、技術的なブレイクスルーが起きると、一気に既存メモリを置き換える可能性もあるため、注目が必要だと思います。

図 4−20●MRAMの構成

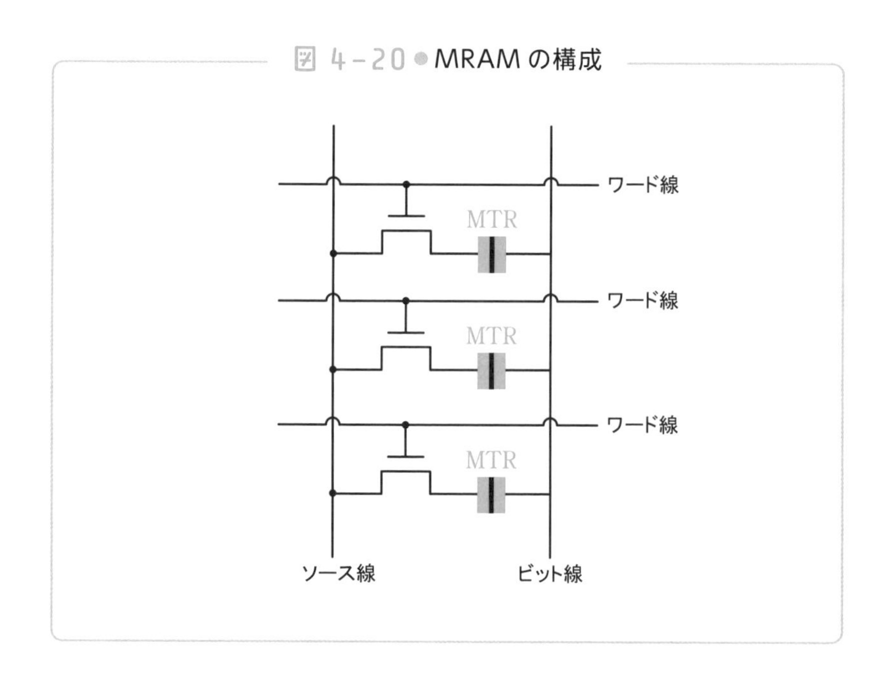

せみこんの窓

クリーンルーム　―LSIはゴミが大敵―

LSIではシリコンウェーハ上に形成されるトランジスタなどの素子数は膨大な数になり、それに伴って1つの素子のパターンは微細化されます。パターンの最小寸法（線幅）が1 μm以下になってくると、大気中の目に見えないチリが大敵になります。

半導体を製造する上でポイントとなるのは、粒子・パーティクルなどと呼ばれる大気中のチリや不純物を減らすことです。現在の半導体はナノレベルで作られるので、チリや不純物が付いてしまうと不良品の発生率が大きくなってしまうのです。

例えばLSIの配線について見てみると、最先端のLSIでは寸法は20nmを切るまでに微細化されています。だからウェーハの表面に、目に見えない微小なチリが付着しただけで、配線パターンの断線や、形状不良を起こしてしまいます。実際、化粧品の粉塵が原因で、ICの配線が断線したということもありました。

このように、微細なチリが1個でも付着すると、そのLSIチップは不良品になってしまいます。不良品をいかに少なくするかということは、会社の利益に直結するので、もっとも神経を使うところです。

そのため大気中のチリを極限まで除去し、さらに温度・湿度・気流・微振動などを高精度に制御した**クリーンルーム**が必要になります。

クリーンルームに入る際は、頭から足の先までを覆うクリーン服に着替えます。そして、入る前にエアシャワーを浴びて、クリーン服からチリなどのパーティクルを除去します。

クリーンルームの清浄度を示すのに清浄度クラスという指標を

用います。工業用クリーンルームの清浄度規格はISO規格で決められています。

この規格によれば、清浄度クラスは1m^{3}の空気中の0.1 μm以上の粒子（チリ）数で表わされます。表4－Aはその一部分を抜粋して示したもので、LSIの製造にはもっとも厳しいクラスISO1、すなわち粒径0.1 μmのチリが1m^{3}中に10個以下のクリーンルームが使われます。実際の半導体の製造には、もっと清浄度の高いクリーンルームを使うこともあるようです。

「1m^{3}中に粒径0.1 μmのチリが10個」といわれても、0.1 μmは目に見えないのでどのくらいの清浄度なのかイメージが湧かないかもしれません。適当な例かわかりませんが、東京ドーム（容積124万m^3）8万個分の中に、仁丹の粒が1個あるくらいの清浄度、といえば多少は想像がつくでしょうか。

LSIは、このようなクリーンルームの中で製造されます。さらに、空気中のチリだけでなく、使用する薬品や洗浄する水などにもトウェルブナイン（99.9999999999％）というきわめて高純度のものが要求されます。

表 4－A ● クリーンルームの洗浄度

最大空中塵埃数（1m^{3}当たり）

クラス　粒径	≥0.1 μm	≥0.2 μm	≥0.3 μm	≥0.5 μm	≥1 μm	≥5 μm
ISO1	10	2.37	1.02	0.35	0.083	0.0029
ISO2	100	23.7	10.2	3.5	0.83	0.029
ISO3	1000	237	102	35	8.3	0.29
ISO4	10000	2370	1020	352	83	2.9
ISO5	100000	23700	10200	3520	832	29

以下省略

第5章

光・無線・パワー半導体

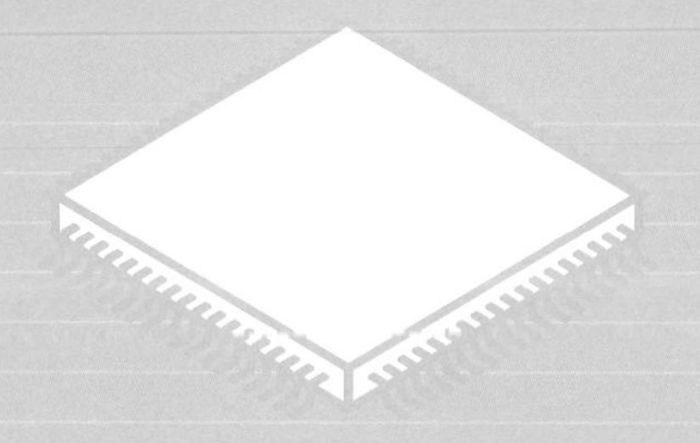

太陽光を電気のエネルギーに変える太陽電池

―― 太陽電池は電池ではない

太陽光を利用した発電が再生可能エネルギーとして期待されています。

そのキーデバイスが**太陽電池**です。**太陽電池は半導体を使って太陽光のエネルギーを直接電気のエネルギーに変えるデバイスです。**「電池」という名前が付いていますが、乾電池のように電気を貯めておく機能はありません。その意味では「太陽電池」という呼び名は不適切で、「太陽光発電素子」とでも呼ぶのが正確です。

この太陽電池は、第1章1−2節で触れた半導体の光電効果（光を電気に変換する現象）を利用したものです。ただ、半導体に光を当てただけでは電気のエネルギーを取り出すことはできません。光エネルギーを電気エネルギーに変換するにはpn接合ダイオード（第1章1−8節参照）を使います。

図5−1（a）はpn接合ダイオードで、p型半導体では正孔が多数キャリアとして存在し、n型半導体では電子が多数キャリアとして存在しています。このp型とn型の半導体を接合すると、図5−1（b）のように接合面から正孔はn型へ、電子はp型へと拡散して移動します。

拡散の結果、接合面付近では移動してきた電子と正孔が結合して

図 5-1 ● pn 接合ダイオードのキャリア

接合面

n型半導体　p型半導体

⊖電子

⊕正孔

(a)pn接合ダイオード

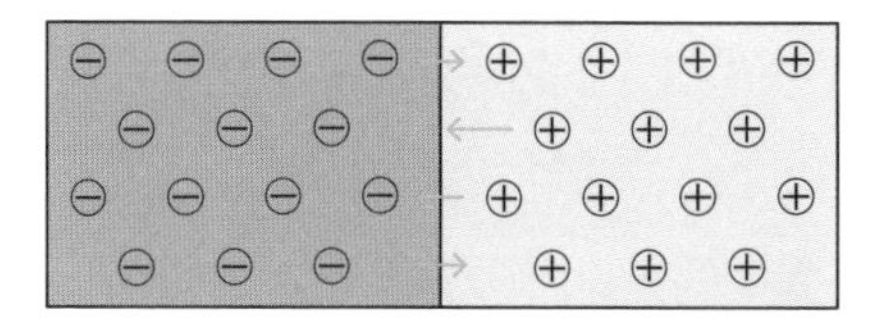

(b)電子と正孔が反対側の半導体へ移動(拡散)

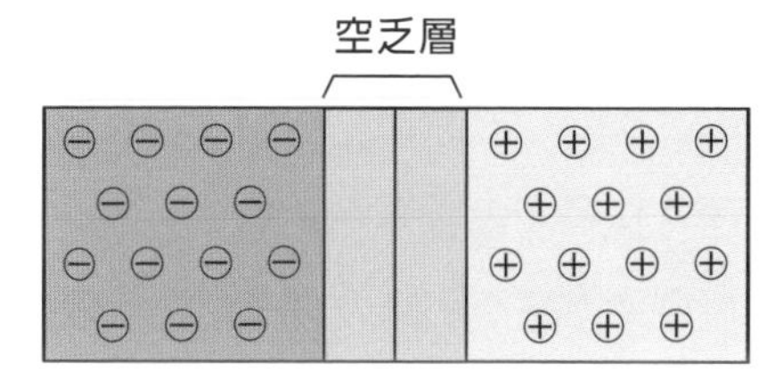

(c)接合面付近に空乏層ができる

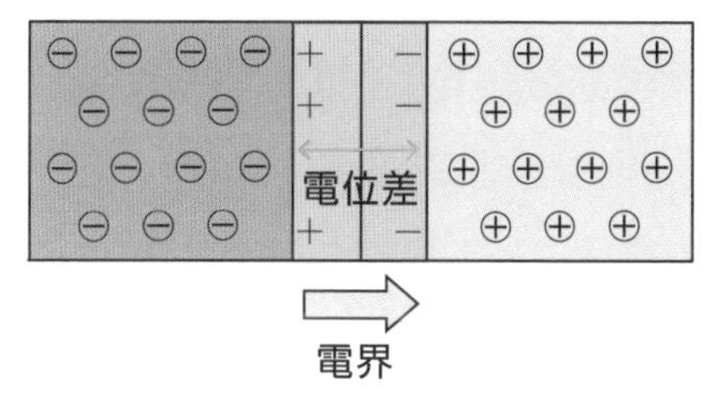

(d)空乏層に電界ができる

キャリアが消滅します。これを**再結合**といいます。その結果、図5−1（c）のようにキャリアが存在しない領域ができます。このキャリアが存在しない領域を**空乏層**（くうぼうそう）と呼びます。

接合面付近の空乏層では、n型半導体ではマイナスの電子が足りなくなり、プラスに帯電します。一方p型半導体ではプラスの正孔が足りなくなり、マイナスに帯電します（図5−1（d））。

このためn型とp型半導体の間の空乏層には、内蔵電位と呼ばれる電位差が生じ、接合部分に電界ができます。この電界はn型半導体から出ようとする電子を引き止めるように働き、n型からp型へ電子が流れる力と釣り合ったところで安定します。

この状態が熱平衡状態で、このままでは何も起こりません。つまり接合面には内蔵電位差の壁ができて、電子も正孔もこの壁を越えられないのです。

この状態で図5−2に示すように**空乏層に太陽光が入ると、光のエネルギーによって新たに電子と正孔が発生します。そして内蔵電界の力によって電子はn型半導体へ、正孔はp型半導体へ移動します**（図5−2（a））。その結果、電子を外部回路へ電流として押し出す力が発生します。これが**起電力**です。

起電力は光が当たっている間は持続し、つぎつぎと電子が押し出されることで外部の電気回路に電力が供給されます。押し出された電子は外部の電気回路を経由してp型半導体へ戻り、正孔と結合します（図5−2（b））。これが電流として観測されます。

現在、太陽電池の大部分は半導体にSiを使用しています。このSiの結晶を使った太陽電池の構造を図5−3に示します。

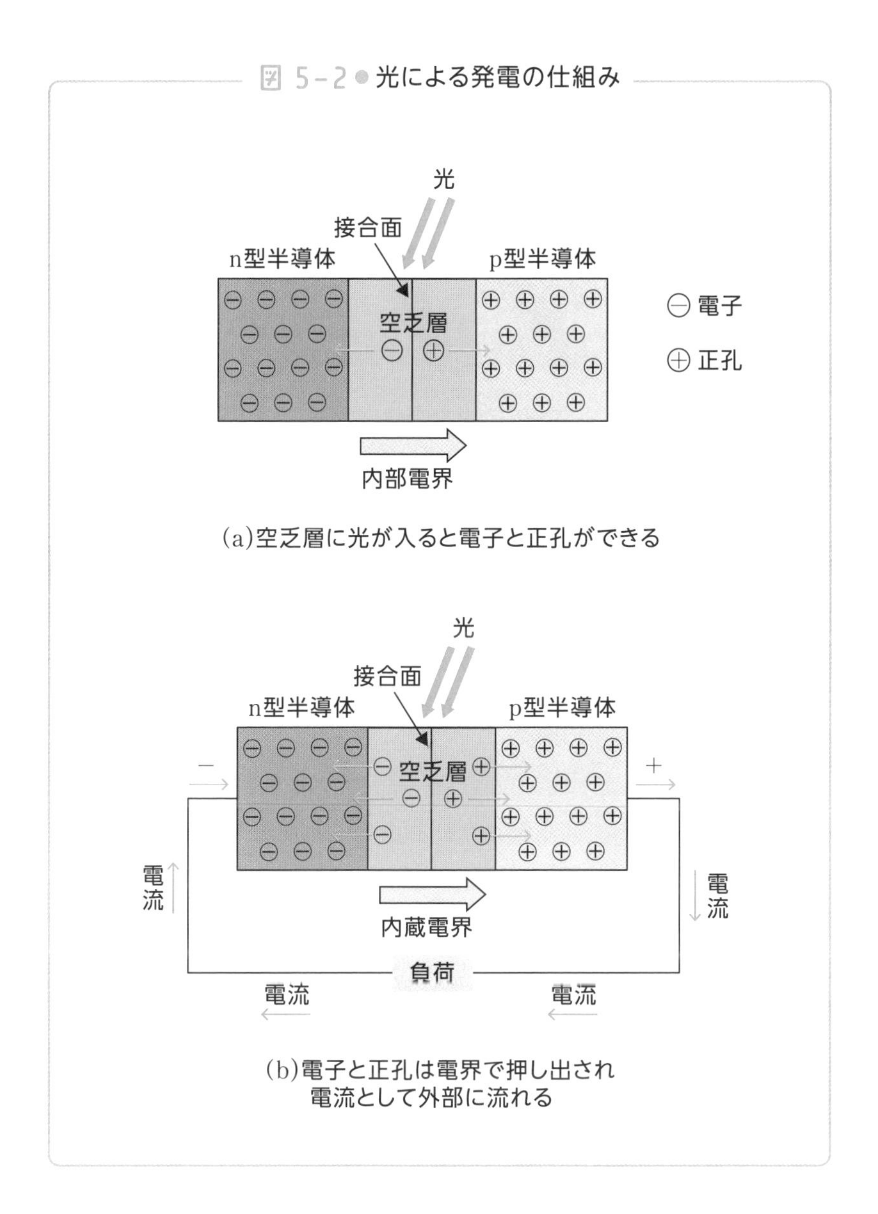

理解しやすくするために、今までの図の説明では細長いpn接合の図を使いました。しかし、**太陽電池はpn接合ダイオードの面積に比例した電流を発生する素子です。**だからpn接合の面積を広くしたいので、図5−3のような薄い平板状に作られます。

図 5-3 ● 太陽電池の構造

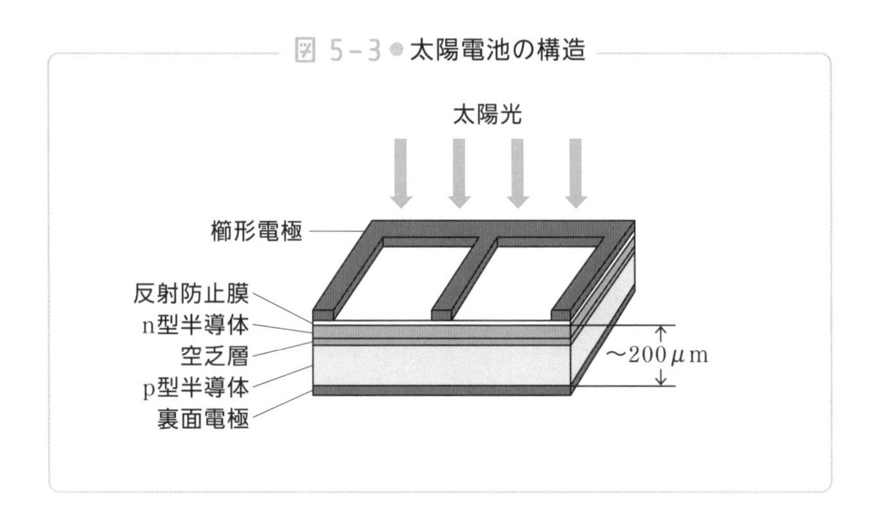

先の説明で太陽光によって伝導電子が発生すると書きましたが、このメカニズムをもう少し詳しく説明しましょう。

図5−4はSi原子と電子の状態を示したものです（38ページの図1−11も参照）。Si原子の最外殻軌道は、隣接するSi原子と共有結合するため、電子が詰まっていて空席がありません（図の（a））。

そこへ不純物としてリン（P）やヒ素（As）など15族（V族）の元素を添加してn型半導体にすると、電子が1個余ります。その電子は最外殻軌道の外側の軌道に入ります（図の（b））。この電子は結合には関与しないので、自由電子として動き回ることができます。

電子の軌道は原子核から離れるほどエネルギーが高くなるので、外側の軌道を回る電子は高いエネルギーを持っています（57ページ、第1章のコラム参照）。この外側の軌道と最外殻軌道のエネルギーの差が、バンドギャップとなるわけです。

一方、不純物としてガリウム（Ga）やインジウム（In）など13族（Ⅲ族）の元素を添加してp型半導体にすると、電子が1個不足して、正

図 5-4 ● pn 接合ダイオードの電子の状態

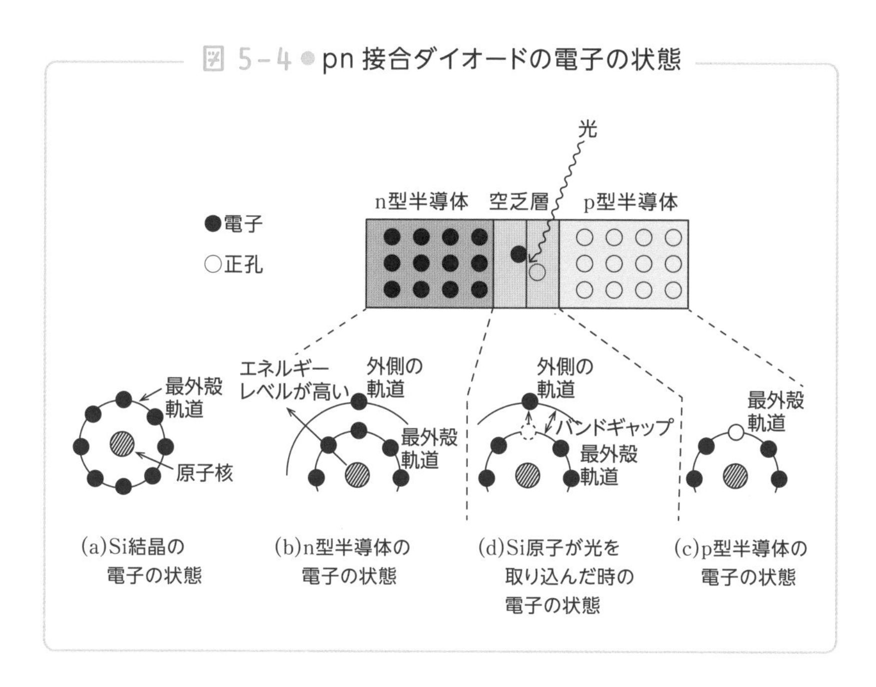

孔ができます。この正孔は最外殻軌道にできるので、エネルギーは自由電子よりも低い状態になります（図の（c））。

空乏層にはキャリアとしての電子も正孔も存在しないので、この領域の原子は図の（a）の状態になっています。

この状態で空乏層の領域に太陽光が入ると、光のエネルギーをもらって原子から電子が飛び出し、エネルギーレベルの高い外側の軌道に移ります（図の（d））。この時に大切なことは、外側の軌道に移る電子は、光からバンドギャップよりも大きいエネルギーをもらうことです。**光のエネルギーがバンドギャップよりも小さいと、電子が外側の軌道に移ることができません。**

光は波長で決まるエネルギーを持っていて、波長が短い光ほど大きなエネルギーを持っています（217ページ、第5章のコラム参照）。光のエネルギーE（単位は電子ボルトeV）は波長λ（単位はnm）との間で次式のような関係になります。

$$E\ [\mathrm{eV}] = 1240 / \lambda\ [\mathrm{nm}]$$

一方、地表面に到達する太陽光の波長ごとの強さは図5−5のようになっています。

図からもわかるように、太陽光は可視光線のあたりがもっとも強く、エネルギーの約52％は可視光線です。赤外線が約42％を占め、残りの5～6％が紫外線です。

この光をすべて吸収して電気に変換できれば一番効率がよいのですが、半導体ごとに取り込める光の波長が決まっているので光をすべて吸収することはできません。

Si結晶のバンドギャップは1.12eVなので、これに相当する光の波長はおよそ1100nmとなり、これは赤外線領域です。つまりSi結晶を使う太陽電池では、波長が1100nmより短い光でないと吸収して電気に変換されません。

ただ、図5−5からもわかるように、1100nmより短い波長の光を吸収すれば、太陽光のかなりのエネルギーを取り込むことができます。

この議論から半導体のバンドギャップが小さいほど、波長の長い光も吸収できて有利と思われるかもしれません。しかし、発電効率に関わるパラメータはバンドギャップだけでなく、図5−6に示すような**光の吸収係数**にも大きく影響します。光の吸収係数とは、半導体の場合、どれだけの光を吸収して、キャリアを発生させられるかを表わす係数です。

この吸収係数の高い材料がⅢ－Ⅴ族のガリウム・ヒ素（GaAs）です。

GaAsバンドギャップが1.42eV、光の波長にすると870nmと、吸収できる光の波長の範囲はSiより狭いです。しかし、吸収係数が高いため、太陽電池を高効率にできます。

このようにGaAsは効率のよい太陽電池を作れます。しかし材料のコストが高いのが欠点で、衛星用など特殊な用途にしか使われていません。そこでもっとコストが安くて効率が良い、化合物半導体を使った太陽電池の開発も進められています。

図 5-5 ● 地表面に到達した太陽光のスペクトル

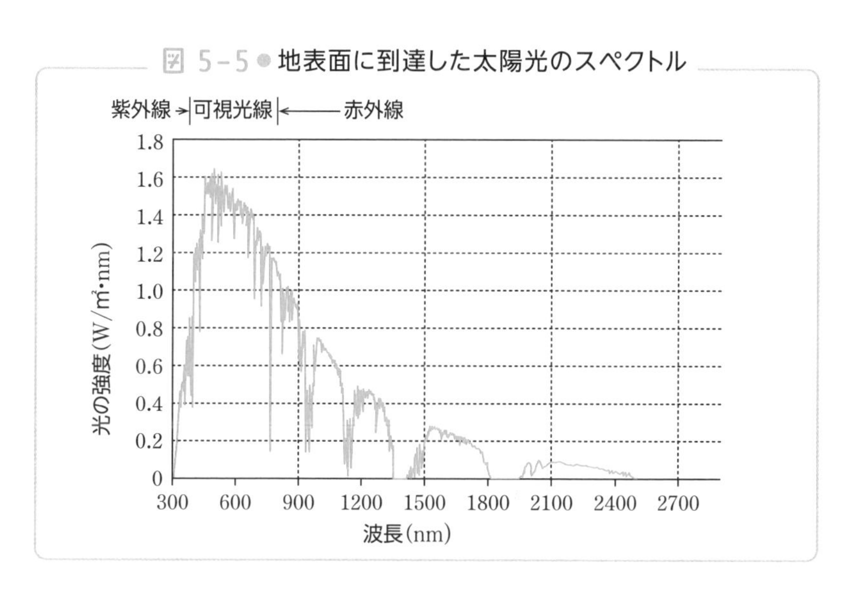

図 5-6 ● 光の吸収係数

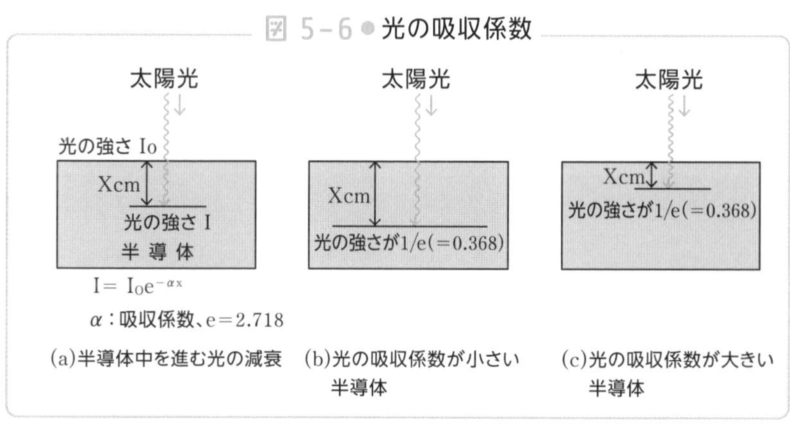

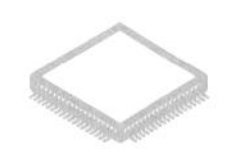 発光ダイオード：LED

―― 電気を直接光に変換するので効率がよい

発光ダイオード（LED：Light Emitting Diode）はpn接合ダイオードを使って電気を光に変換して発光させるデバイスです。**使用する半導体材料のバンドギャップの違いで紫外、可視、赤外域の様々な波長の光を発生させることができます。**

その動作原理を図5−7に示します。図（a）は太陽電池の節で説明したpn接合ダイオードと同じです。pn接合ダイオードに外部から何もエネルギーを加えなければ、空乏層にはキャリアとしての電子も正孔も存在しません。

図 5-7 ● LEDの発光原理

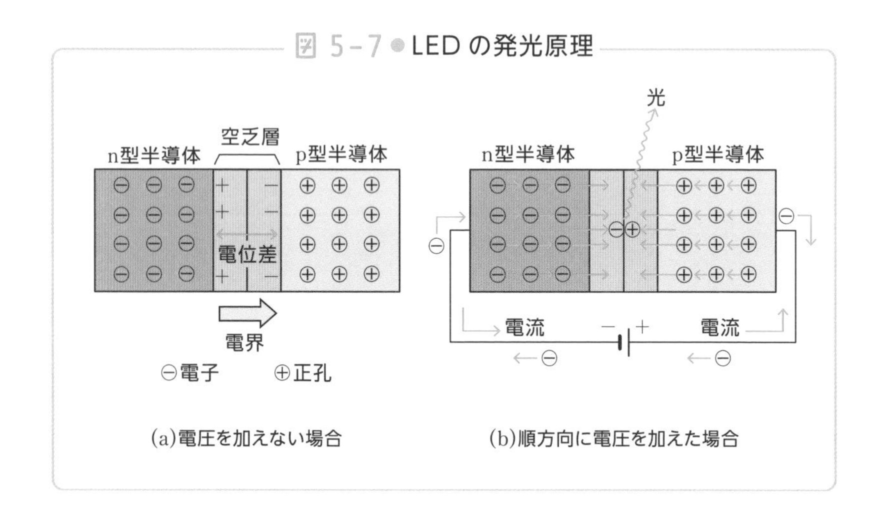

ここで、ダイオードに順方向の電圧を加えるとn型半導体からは電子が、p型半導体からは正孔が接合面に向かって移動します。加えた順方向電圧はpn接合ダイオードの内蔵電位差（電圧）と逆極性なので電圧の壁が低くなり、電子も正孔も壁を越えて移動できるようになります。

その結果、**空乏層のところでn型からの電子とp型からの正孔が結合します。この時、電子はエネルギーが高い状態から低い状態に移るので、余ったエネルギーが光となって外部に放出されます（図（b））。**

つまり、図5−8に示すように、n型半導体からの電子は最外殻軌道よりも外側の軌道にあるので、高いエネルギーを持っています（181ページ参照）。この高いエネルギーの電子が、低いエネルギーの正孔と結合すると低いエネルギーレベルになります。この時、そのエネルギー差、つまりバンドギャップに相当する波長の光を放射します。

この時の光の波長λ（nm）は半導体のバンドギャップE_G（eV）との間に

図 5−8 ● 発光時の電子の動き

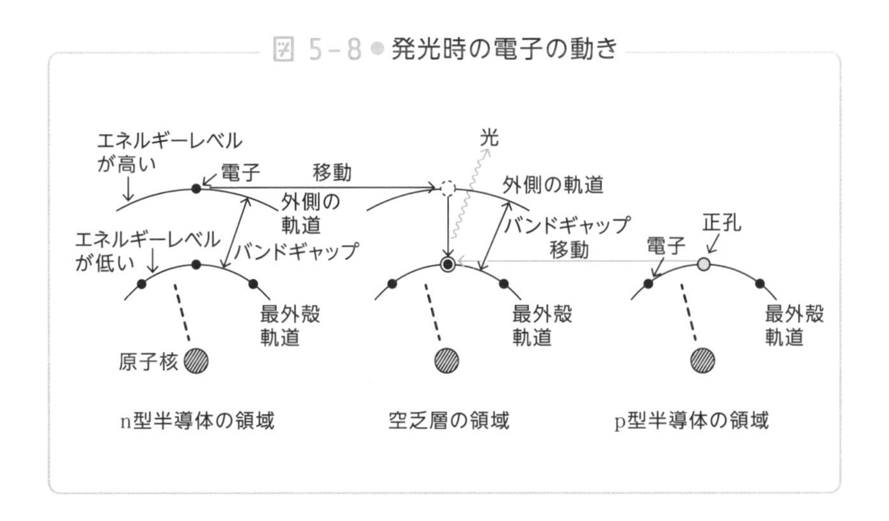

$$E_G = 1240 / \lambda$$

という関係があり（217ページの第5章のコラム参照）、容易に計算できます。

太陽電池には半導体としてSiが主に使われています。一方、Siは発光効率が悪いため、LEDには使えません。そこで化合物半導体が使われます。

化合物半導体を使うと元素の種類と組み合わせによって、バンドギャップを変えることができます。つまり、欲しい光の色（波長）を自由に選ぶことができるわけです。

図5−9に発光色とそれに使われる代表的な化合物半導体の例を示します。

発光素子の材料として重要なのはⅢ－Ⅴ族の化合物半導体です。

中でもGaAsはもっとも早くから研究され、結晶もよいものが得られていました。しかしバンドギャップが1.42eVで、目に見えない赤

図 5−9 ● 発光色と発光材料

発光色	半導体材料（代表例）
赤外	GaAs,　In GaAsP
赤	GaP,　AlGaAs,　AlGaInP
橙	GaAsP,　AlGaInP
黄	GaAsP,　AlGaInP,　InGaN
緑	InGaN
青〜紫	InGaN
紫外	GaN,　AlGaN

（注）同じ化合物半導体で発光色が異なるのは混晶比の違いによる

外線（波長が870nm）しか発光しません。現在はテレビや家電機器のリモコンなどに使われています。

可視光の赤色を発光させるにはGaAsに少しAlを加えてAlGaAsにします。AlGaAsはAlの割合が増えるにつれて発光色の波長が短くなっていき、赤色から橙色を帯びてきます。ただし、さらにAlが多くなって、結晶がAlAsに近づくと光が弱くなっていき、最後には発光しなくなります。

GaPは定電流・高効率で発光し、かつ赤色から黄緑色までの発光が可能な材料です。GaPは加える不純物の違いによって、発光色が変わります。

GaPとGaAsの混晶であるGaAsPは良質の結晶が比較的容易に得られます。GaAsPはAsとPの比率によって、橙色から黄色までの発光色が得られます。

また、AlGaInPはAlとGaの混晶比を変えることにり、赤色から緑色までの発光が可能です。

そして近年、注目を集めているのがGaN系のInGaNです。GaNは、次節「青色LED」で説明する青色LED実用化のために開発された材料です。これにInを加えたInGaNは、InとGaの混晶比を変えることで、黄色から紫外までの発光が可能です。

これらの材料はLEDだけでなく、5−4節で説明する半導体レーザーにもそのまま使われます。

LEDが発光する光の輝度はpn接合での発光効率によって決まります。接合領域の活性層に多くの電子と正孔を集めて結合させると、発光効率を上げることができます。

pn接合ダイオードのp型とn型に同じ種類の半導体を使用した構造を、**ホモ接合**といいます（図5−10（a））。構造は簡単ですが、発光した光が結晶から外部に出る前に、再び吸収されてしまうため、発光効率は悪くなります。

高輝度LEDを実現するには図5−10（b）に示す**ダブルヘテロ接合**を用います。

これは活性層をクラッド層と呼ばれる層で挟み込んだ構造です。この時クラッド層は活性層よりバンドギャップを大きくすることが重要です。

図 5-10 ● 発光時の電子の動き

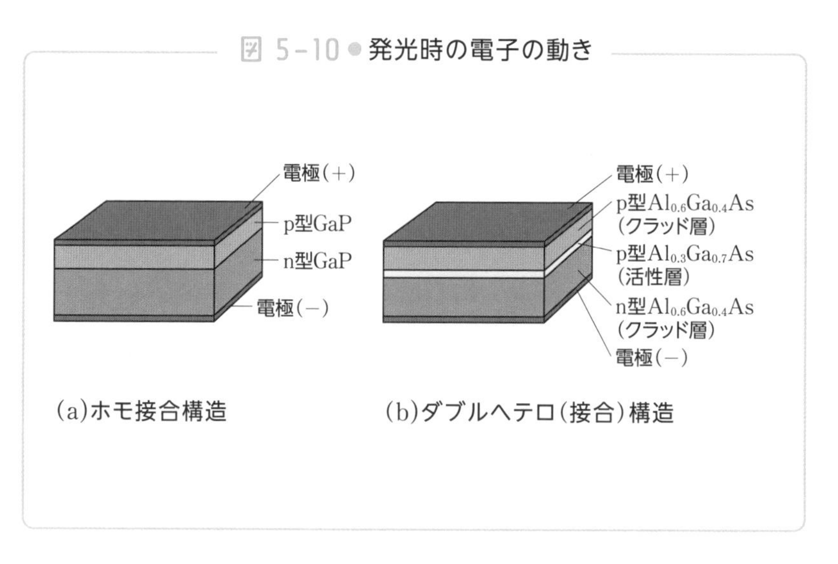

ここで順方向に電圧を加えると、電子と正孔が移動し始めます。しかし、ホモ接合の場合と異なり、クラッド層と活性層のバンドギャップが異なっています。よって、ヘテロ接合の部分、p型のクラッド層と活性層の間には、電子に対する電圧の壁ができます。よって、電子は活性層のところまで閉じ込められるわけです。

一方、n型のクラッド層と活性層の間には、正孔に対する電圧の壁ができ、正孔も活性層のところまでで閉じ込められます。

その結果、活性層の電子と正孔の密度が高くなります。よって電子と正孔の結合が効率よく行なわれて、発光効率が高くなるわけです。

図ではクラッド層にも活性層にも同じ半導体AlGaAsが用いられています。しかしクラッド層と活性層で、AlとGaの混晶比率が異なるので、**ヘテロ**（**異種**）と呼びます。

図5−11にGaNを使ったダブルヘテロ接合のLEDの例を示します。光を上面から取り出す構造なので、上面は透明電極で覆われています。大きさは200 μm 〜 500 μm角で、厚さも100 μm前後と小さいです。

図 5−11 ● ダブルヘテロ構造の LED の例

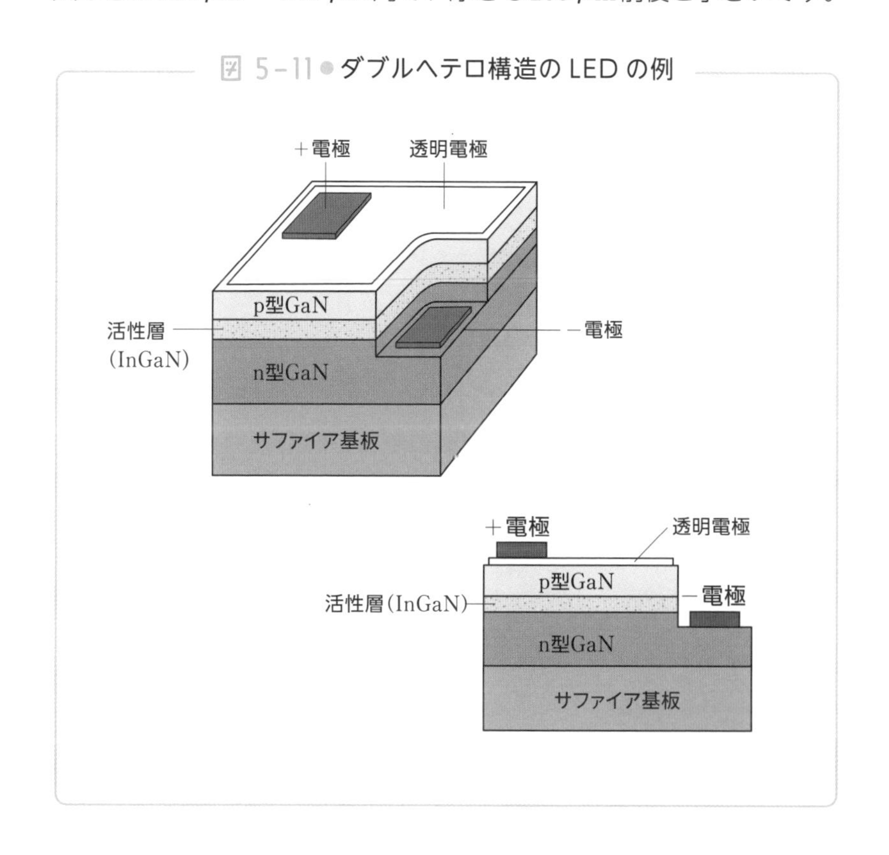

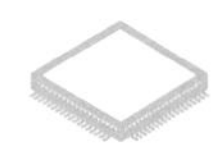

青色LED

―― ノーベル賞を受賞した日本人3人が開発の中心

赤から緑までの光を出すLEDが揃うと、次の狙いは青色を発光するLEDの実現です。

青色LEDが実現できると、赤色LED、緑色LEDと合わせて光の3原色が揃ったことになり、電灯などの照明に使える白色LEDを作ることができます。

波長の短い青色光を出すには、バンドギャップの大きい（ワイドギャップ）半導体材料を使う必要があります。その現実的な候補としては、セレン化亜鉛（ZnSe）、窒化ガリウム（GaN）の2つがありました。

しかし、当初GaNは結晶を作るのが難しく、かろうじて結晶を得られても、欠陥だらけで使い物になりませんでした。そのためほとんどの研究者がZnSeを本命として取り組むようになっていました。

そんな中でGaNの単結晶化に挑戦し続けたのが、2014年にノーベル物理学賞を受賞した名古屋大学の赤崎勇、天野浩と日亜化学の中村修二でした。

先にGaNに取り組んだのは赤崎で、名古屋大学教授に就任した1981年ごろから研究をスタートさせました。そこから1989年にGaNの青色発光を実現します。

結晶を作るにはいくつかの方法がありますが、赤崎が選んだのはMOCVD（有機金属化学気相成長法）でした。これは有機金属のトリメチルガリウム（TMG：$Ga(CH_3)_3$）とアンモニア（NH_3）を原料として、GaN結晶をエピタキシャル成長させるというものです。

この時、基板に何を使うかが重要で、基板がGaN結晶と近い**格子定数**（原子間の距離を示す）を持たなければなりません。

図5－12（a）に示すように、基板と形成する半導体の格子定数が同じか、きわめて近い値であればきれいな単結晶ができます。ところが格子定数に大きな差があると図の（b）のように結晶が崩れてしまい、均一できれいな単結晶になりません。

図 5-12 ● 基板と結晶成長させる半導体の格子定数

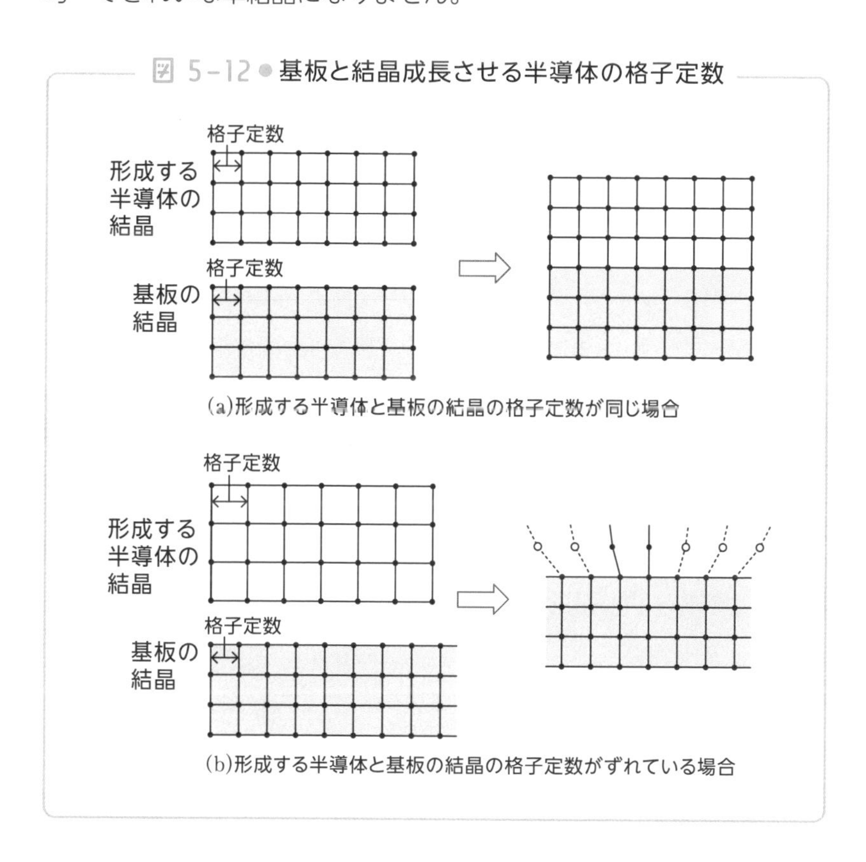

GaNの場合、近い格子定数を持った適当な基板材料がありませんでした。赤崎はサファイア（Al_2O_3）を選びますが、それでも格子定数に13%ほどのずれがあり、欠陥や転位が多い結晶しかできません。

赤崎や天野の大きな功績の一つがこの問題を解決したことです。それは、サファイア基板とGaNの間に低温バッファ（緩衝）層を挟むという方法でした。そしてこの方法の開発には偶然が伴っていたのです。

通常GaN単結晶は1000℃程度の高温で作製します。しかし、赤崎の実験に加わっていた当時大学院生の天野は、ある日1000℃よりずっと低温で実験をしました。その時は、炉が不調で温度が上がらなかったのです。

この時、天野はGaNではなくAlN（窒化アルミニウム）の薄膜をサファイア基板の上に作っていました。そして実験開始後に炉が本来の調子を取り戻したので、今度はAlNの上にGaNを作りはじめました。

できた結晶を取り出したところ、いつもの見慣れたすりガラス状の結晶はありません。結晶性が悪いためいつもの結晶はすりガラスのようだったのです。だから天野は「ひょっとしたら原料を流し忘れたのか」と思ったといいます。しかしよく調べると無色透明なGaN結晶ができていることがわかりました。1985年のことです。

600℃程度で形成したバッファ層の半導体は、温度が低いために完全な結晶にはなりません。だからサファイアとの格子定数の差を柔軟に吸収して、その上にGaN単結晶が作製できたのです。この技術は低温バッファ層技術と呼ばれ、青色LEDには必須の技術になりました（図5−13）。

そして、この青色LEDの開発には、ノーベル賞受賞の3人以外に

図 5-13 ● 低温バッファ層

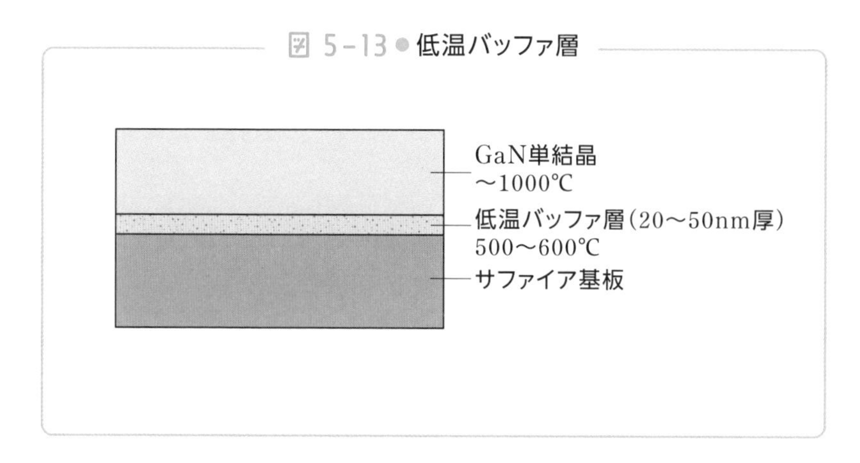

も大きな貢献をした研究者がいます。それはNTT研究所の松岡隆志です。

天野が完全なGaN単結晶を初めて作った時、「何もできていないのかと思った」と述懐しているように、GaN単結晶は無色透明です。これはGaNのバンドギャップが約3.4eVで、対応する光の波長は360nmの紫外線領域になり、可視光はすべて透過してしまうからです。

ですから、青色の光（波長が450nm程度）を出すには、バンドギャップが2.76eV程度の半導体が必要です。このため、バンドギャップが狭いInGaN単結晶が必要になります。

このInGaN単結晶化を1989年に成功させたのが松岡でした。この成果がなければ青色LEDは実現できなかったといわれています。

これらの技術を使い、赤崎・天野グループは1989年にGaNのpn接合を作って青色の光を発光させることに成功したのです。しかしながら、これは商品化するためには、まだまだ輝度が不十分でした。

もう一人のノーベル賞受賞者、日亜化学の中村修二がGaNの単結晶作りを始めたのは1989年で、赤崎・天野によってGaN単結晶の青色発光に成功した後です。

中村の功績は、高品質なGaN結晶を「ツーフロー方式」という方法で作成して青色発光の輝度を高めたこと、p型GaNの効率的な製造方法を開発したことです。

従来のMOCVD法ではサファイア基板上に反応ガス（TMGとNH_3）を斜めに当ててGaN単結晶を成長させていました。しかし、1000℃という高温の基板の熱のために原料ガスが対流で上昇してしまい、基板に結晶が堆積できないのではないかと考えた中村は、図5－14に示すような方法を考え出しました。

図 5-14 ● ツーフロー方式の原理

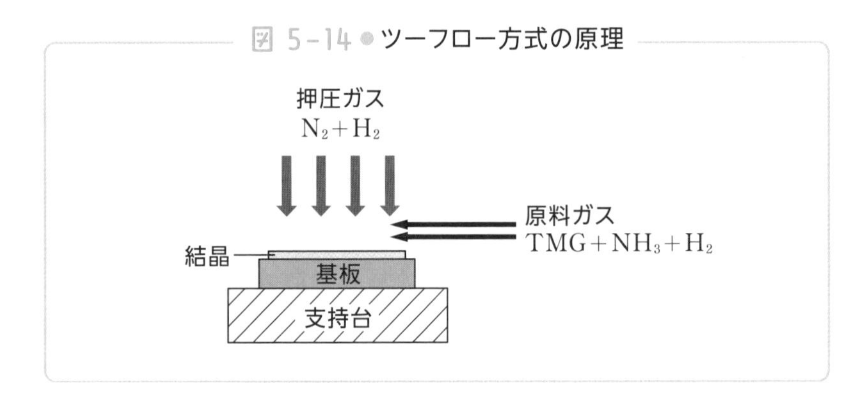

この方法では異なる目的の2種類のガスを使用します。1つはTMG＋NH_3＋H_2からなる原料ガスで、基板に対して平行に流します。もう1つはN_2＋H_2からなるガスで、基板に対して上方から垂直に流します。このガスは原料ガスが熱対流で上の方に浮き上がるのを押さえる役目をする押圧ガスです。

2つの流れ（フロー）があるので「ツーフロー」と呼ぶことにし、この特許が後に特許番号の下3桁をとって「404特許」（特許第2628404号）と呼ばれるほど有名になりました。

もう一つの中村の大きな成果が、p型のGaNの製造方法でした。

n型は比較的簡単に実現できるものの、p型のGaNを作るのは技術的に困難でした。しかし、赤崎らはGaNにⅡ族のマグネシウム（Mg）を添加して電子線を照射する方法で解決します。しかしながら、この方法を実際の製造ラインで使うと、コストがかかりすぎて、現実的ではありません。

そこで中村はp型のGaNを作る方法を研究し、GaN結晶を一定の条件で熱処理すれば、p型になることを見出しました。この発見により、青色LEDの量産化への道筋が開かれました。

そして中村は、NTT研究所の松岡のInGaNの技術を加えて、発光効率の高いダブルヘテロ接合の青色LEDを開発したのです（図5−15）。その輝度は1カンデラまで高まり、これは当時の青色LEDの100倍もの明るさでした。

青色LEDの実現には赤崎・天野グループによる基礎技術の発見が重要な役割を果たしています。そして、これを商品化するまで育てたのは中村の功績です。この3人と松岡がいて初めて青色LED製品の開発が成功したのだといえます。

図 5−15 ● ダブルヘテロ接合の青色 LED（断面図）

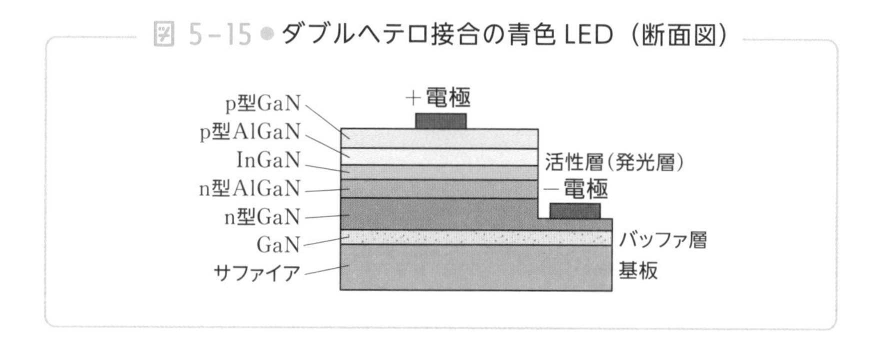

5-4 きれいな光を出す半導体レーザー

—— CD、DVD、BDのピックアップや光通信に使われる

レーザー（Laser）とは**コヒーレント光**という「きれいな」光を発生させることができるデバイスです。ここでいう「きれいな」とは位相が揃っているということです。

LEDを使うと単一波長の光、いわゆる単色光を出せますが、図5−16（a）のように位相が揃っていません。これに対してコヒーレント光は、同図（b）のように波長だけでなく位相も1つに揃った光です。レーザーはコヒーレント光を発生することができるデバイスです。

半導体レーザーは**レーザーダイオード**（LD：Laser Diode）とも呼ばれ、pn接合ダイオードに電流を流して発光させるところは基本的

図 5-16 ● コヒーレント光

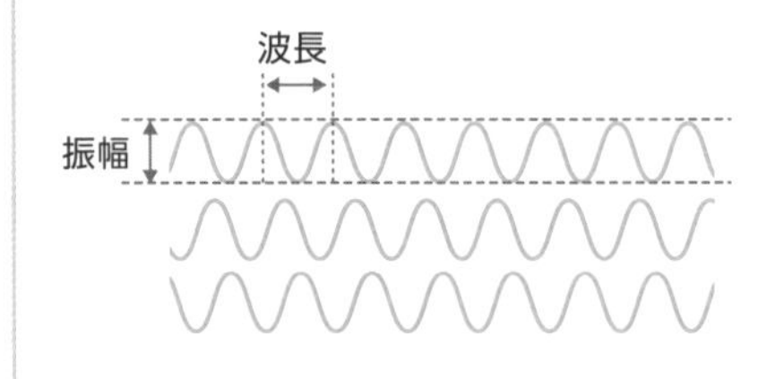

振幅、波長は同じだが位相がずれている
(a)単色光（コヒーレント光ではない）

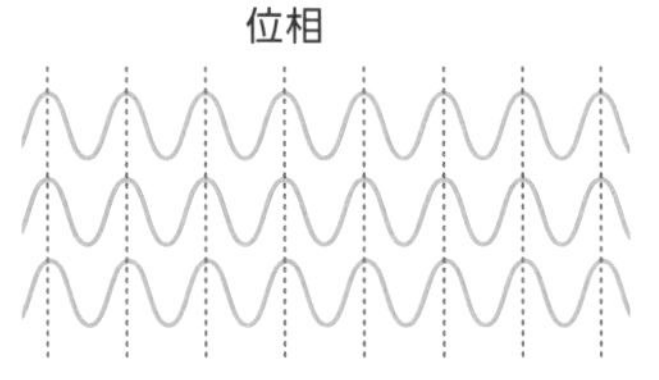

振幅、波長、位相とも揃っている
(b)コヒーレント光

には発光ダイオードLEDと同じです。使用する半導体もLEDとまったく同じです。

両者の違いは出てくる光の放出方法です。LEDは発生した光をそのまま外部に放出する自然放出という現象です。一方、半導体レーザーは**光共振器**という構造の中で、光が増幅されて強くなって出て行く**誘導放出**という現象を用いています。

光共振器の中で増幅された光は、波長も位相も揃ったコヒーレント光になります。Laserとは、"Light Amplification by Stimulated Emission of Radiation（誘導放出による光の増幅）"の頭文字をとったもので、上で説明した「光の増幅」「誘導」という意味が込められています。

半導体で光を出すところはLEDと似ていますが、構造は図5−17に示すように異なります。活性層（発光層）で作られた光は、LEDでは上下左右すべての方向に放射されますが、半導体レーザーでは活性層の両端から水平方向に放射されます。

図 5-17 ● 発光ダイオード（LED）と半導体レーザーの構造

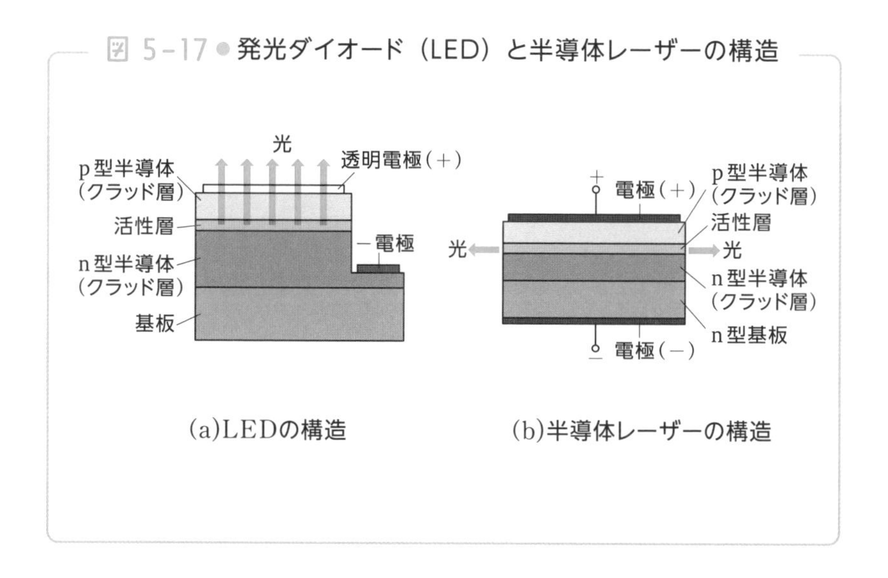

実際の半導体レーザー（チップ）は図5－18に示すようなダブルヘテロ構造で、(a) に示すように薄い活性層（100～200nm）を2つのクラッド層（1～2 μm）で挟んだ構成です。

同図（b）はダブルヘテロ構造の半導体レーザーを簡略化して示したもので、真横から見た断面図です。LEDと同様にp型とn型のクラッド層に挟まれた活性層で電子と正孔が再結合して光を出します。チップの側面は光を反射する鏡の役割を果たします。

また活性層の光の屈折率を高く、クラッド層の屈折率を低くして、光が活性層から外へ逃げないようにしておきます。このようにしておくと、活性層で発生した光は活性層内に閉じ込められます。そして、同図（c）のように両端の鏡で反射を繰り返しながら往復するうちに、波長が一定の光になります。これが光共振器です。

図 5-18 ● 半導体レーザーの構造

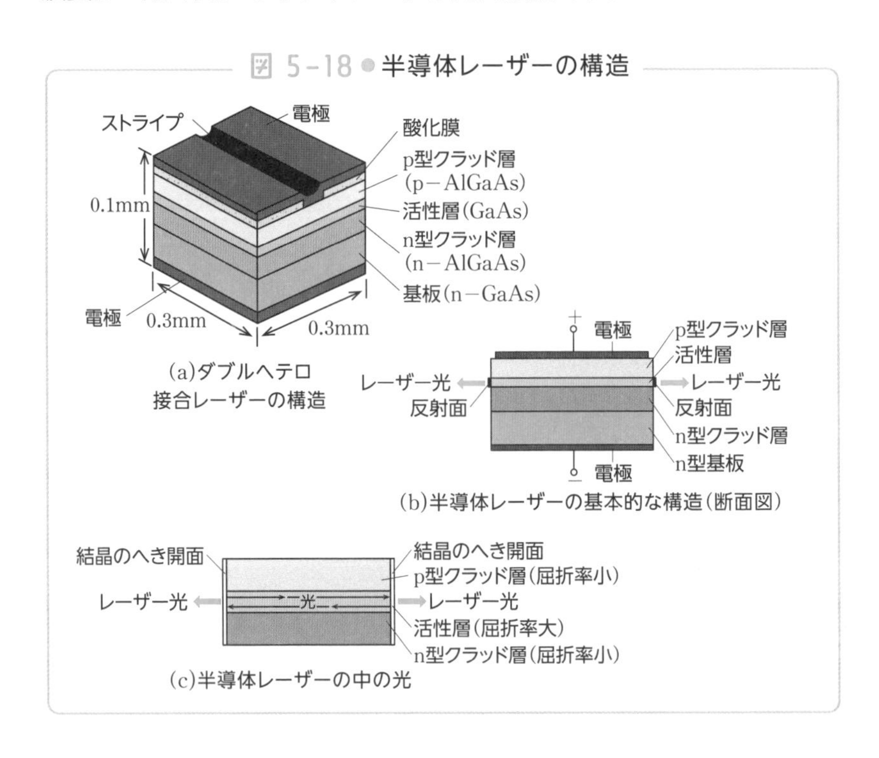

活性層内で再結合がいったん起こると、その時に発生した光が引き金となって別の電子の再結合が次々に続く、誘導放射という現象が起こります。この時、2回目以降の再結合で発生する光は、最初の光と等しい位相になります。この誘導放射が何度も繰り返されることにより、位相の揃った強い光が発生するという仕組みです。

図5－19に示すように、LEDとレーザーが出す光では、含まれる波長の分布に大きな違いがあります。(a) のLEDの光は波長がずれた光を多数含んでいます。

これに対して比較的構造が簡単な**FP**（Fabry－Perot. ファブリペロー型）**レーザー**の光は、(b) のように波長の分布がわずかになっています。図5－18の構造はFPレーザーです。

さらに同図 (c) は構造がより複雑なDFB（Distributed FeedBack：分布帰還型）レーザーの光です。**DFBレーザー**は、図5－20に示すようにクラッド層と活性層の境界に波形の回折格子を設けた構造です。この場合、回折格子の周期の2倍の波長の光以外は、打ち消し合って消えます。その結果、単一波長のコヒーレント光が得られます。

図 5－19 ● LEDとレーザーが出す光の波長

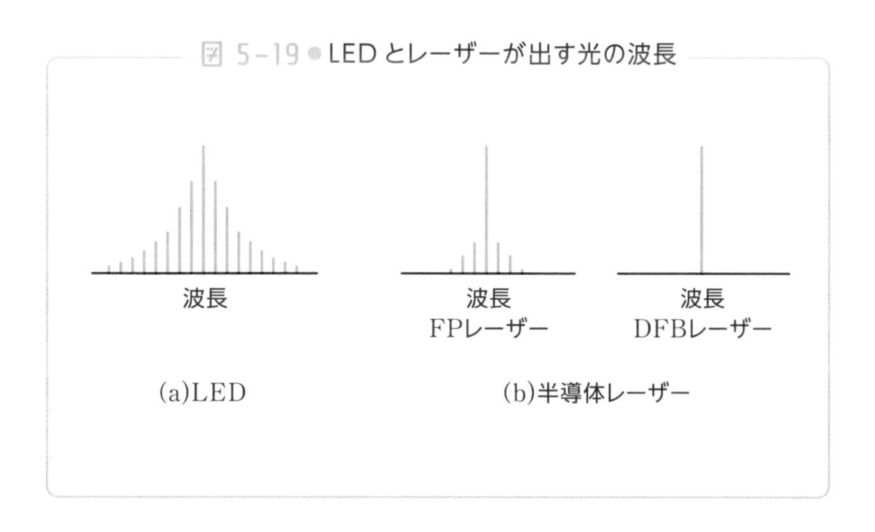

図 5-20 ● DFBレーザーの構造と原理

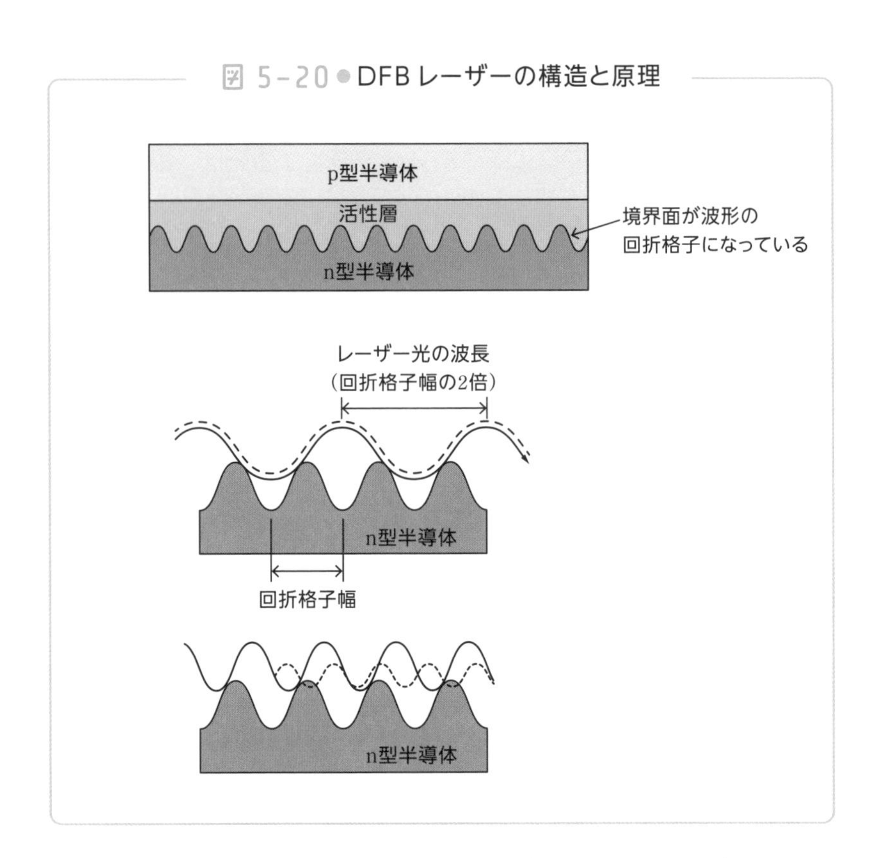

レーザー光の特長の一つは、微小なスポットの光を直進的に送れることで、この直進性を利用して測量計などに使われています。

また、CDやDVD、POSスキャナなどきわめて小さいスポットに記録された情報を読み取る際の光に使われます。

CDやDVD、BDなどでは図5−21に示すように使用波長を厳密に規定しています。波長が短い光の方がスポットを小さくできるので、ディスクへの記録容量を増やすことができます。大容量のブルーレイディスクは、青色レーザーの実用化により実現できました。

現在の通信ネットワークでは、光ファイバーケーブルが広く使われています。このため電気信号を光信号に変換して送る必要があり、ここにも半導体レーザーが使われます。

図 5-21● 半導体レーザーの使用波長

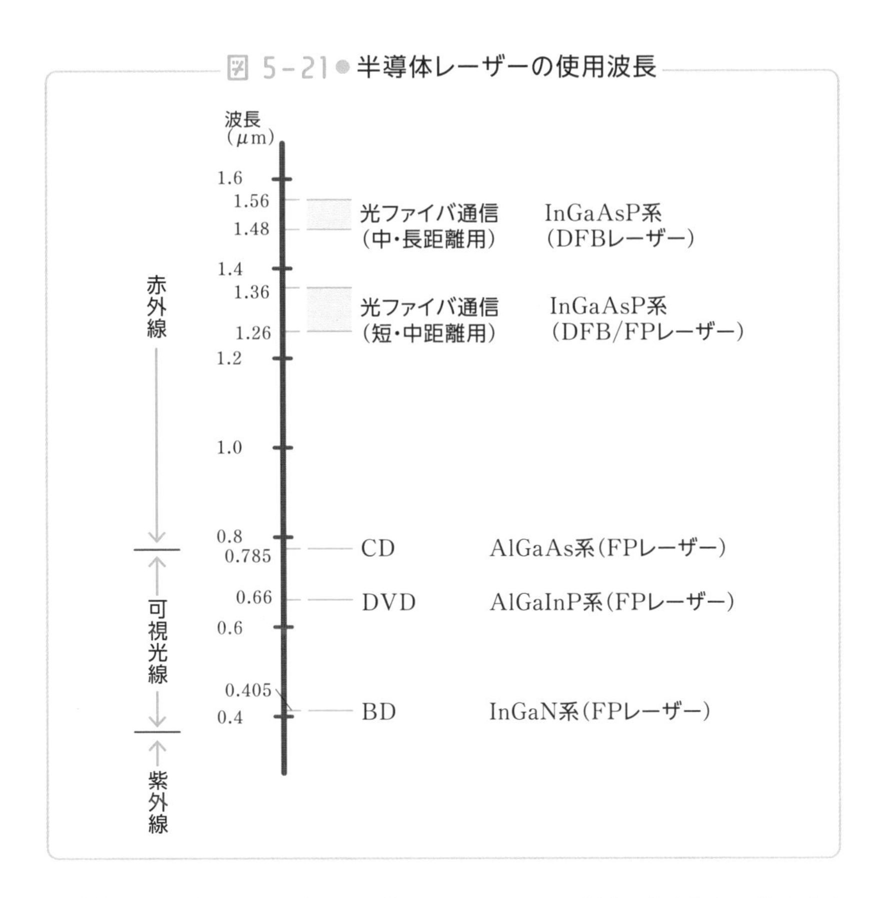

光信号は図5−22のように光のON、OFFでデジタル信号の「1」「0」を送ります。半導体レーザーを使うと1秒間に100億回以上（10Gbps以上）もの高速でON、OFFを繰り返すことができます。

光ファイバーケーブル伝送では光信号をできるだけ減衰しないように長距離に送ることが求められます。光ファイバーケーブル中の光の減衰量は光の波長によって変わります。波長1.55 μm帯がもっとも減衰量が小さくなるため、長距離・大容量の伝送にはこの波長のレーザーが使われます。

さらに超高速の光信号を長距離に伝送するためには、DFBレーザーが使われます。光パルスの波形が崩れないように、たった1つの波長の光を用いることが求められるからです。とくに厳しい要求のない場合は、コストの安いFPレーザーが使われます。

図 5-22 ●レーザーによる光パルスの発生

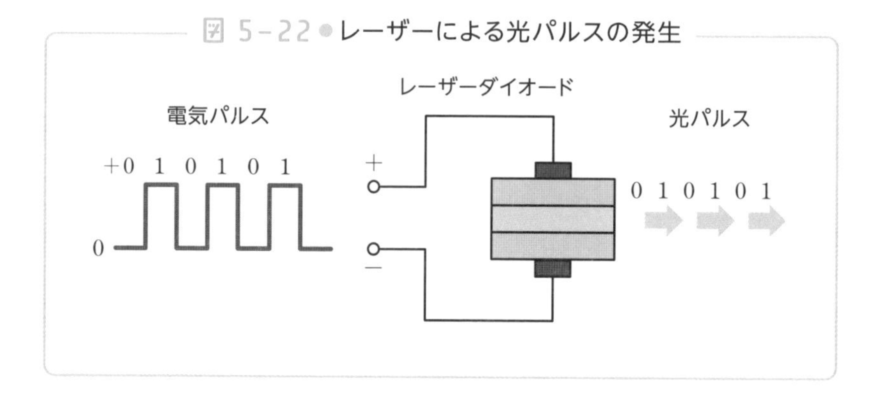

デジカメの目、イメージセンサー

——カメラの目として使われる

イメージセンサーは光を電気信号に変換する半導体で、スマホやデジタルカメラの目として使われています。

イメージセンサーは図5−23に示すように、マイクロレンズ、カラーフィルター、フォトダイオードで構成されています。入射光はマイクロレンズで集光されて、カラーフィルターを通して3原色に分解された後、光量を検出するフォトダイオードで検出されます。

フォトダイオードは光量を電気信号（電荷）に変換して、その電荷を蓄えます。ただし色を識別することはできず、光の強さしか認識できません。そのため色を表現するために、カラーフィルターにより光の3原色に色分けして、それぞれの原色の光量を検出して、色の情報を取得するわけです。

このフォトダイオードは太陽電池と同様にpn接合で構成されています。ただし光照射による電流出力を最大化するように設計された太陽電池に対して、フォトダイオードは光量と電荷の変換効率を高めて、きれいな像が得られるために最適化されています。

そしてイメージセンサーはこの画素と呼ばれる構造を集積した構造になっています。カメラの性能で、例えば「1000万画素」などとい

図 5-23 ● イメージセンサーの構造

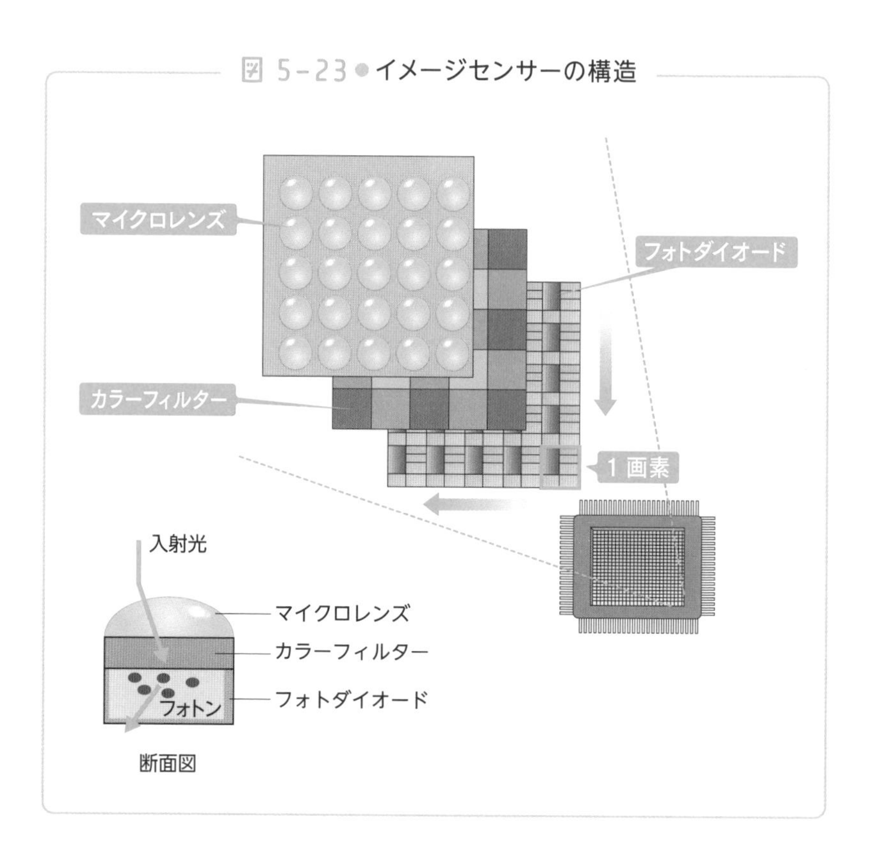

うものがありますが、これはこの画素数になります。基本的に画素数が多い方が、高精細な画像が得られることになります。

イメージセンサーの構造として、代表的なものは2つ存在します。

1つが昔から使われている**CCD**（Charge Coupled Devices：電荷結合素子）イメージセンサー、もう1つが2000年代から実用化が進んだ**CMOS**（Complementary Metal Oxide Semiconductor：相補性金属酸化膜半導体）**イメージセンサー**です。**このCCD構造やCMOS構造はフォトダイオードで発生した電荷をどう扱うかという回路の構造の違いであり、マイクロレンズ、カラーフィルター、フォトダイオードといった構成要素は同じです。**

図5−24にCCD構造とCMOS構造がどのように、フォトダイオードに蓄えた電荷を読み取るか、ということについて示しています。

CCDはフォトダイオードで蓄積された電荷を、バケツリレーのように画素間で転送しながら、1つアンプに送って大きな電子信号に変換します。ですので、電荷の転送に高電圧が必要で消費電力が高くなったり、読み込みに時間がかかってしまうというデメリットがあります。ただし、全画素に対して同じアンプを使うため、アンプの特性ばらつきが無く、一般的に画質が良くなります。

一方、CMOS方式は、画素ごとにアンプがついています。回路が低消費電力のCMOSで構成されているため低消費電力ですし、電荷をすぐにアンプで増幅できるので読み込みも速いです。ただし、画素ごとにアンプを持っているので、アンプ特性のばらつきが画質を悪化させます。

図 5-24 ● CCD 構造と CMOS 構造の違い

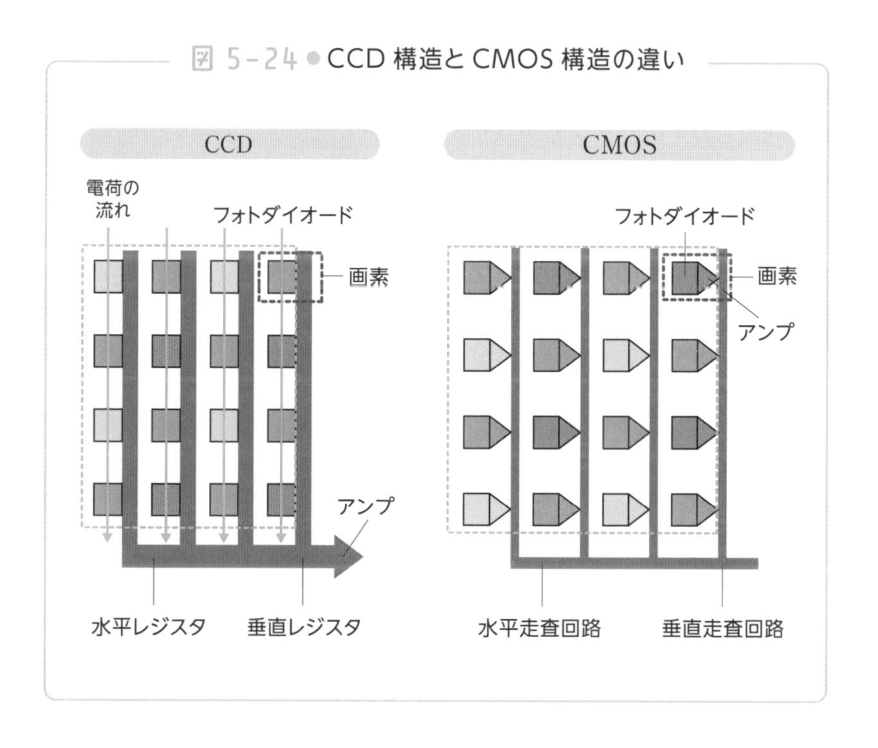

また、CMOS方式では、画素の中に電子回路を作るため、フォトダイオードに届く光が弱く、感度が悪いという問題がありました（図5−25の（a））。

しかしながら、2008年にソニーが裏面照射型のCMOSイメージセンサー"Exmor R"の量産を開始しました。これは図5−25の（b）に示すように、チップの裏面から光を入射する方式で、フォトダイオードに届く光の量も大きくなりました。

その後もソニーは積層型のCMOSイメージセンサーや35mmフルサイズの裏面照射型CMOSイメージセンサーの開発など、この分野のイノベーションを牽引しています。

CMOS構造は現在のLSIプロセスと共通の部分が多いので、他のデジタル回路との集積化が容易で、低コスト化しやすいという大きなメリットもあります。一方でCCD構造は特殊プロセスが必要で高コストです。

ですので、イメージセンサーはどんどんCMOS化が進んで、今ではCMOSイメージセンサーが完全に主流になっています。

図 5−25 ● 従来型と裏面照射型の CMOS イメージセンサー

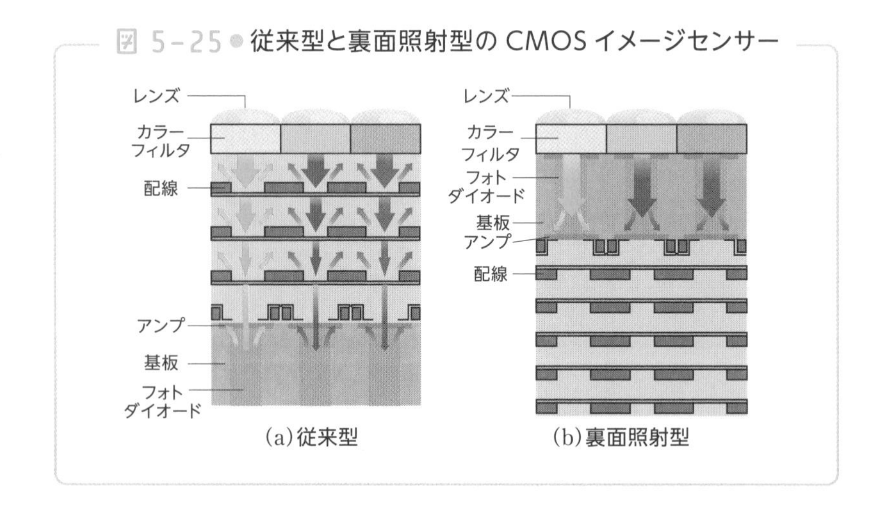

5-6

無線用半導体

―― ミリ波帯の電波も増幅できる半導体

第2章で説明したように、トランジスタはラジオ、テレビで使えるまで高周波化が進みました。それでも、トランジスタ増幅器は周波数が高くなると利得（増幅度）が低下し、従来のトランジスタでは数GHz程度が実用上の限界でした。

ただし、無線通信にはこれを超える5GHzであるとか、数十GHzから100GHz近い電波も利用されています。従来はこの周波数帯において、進行波管（TWT）のような電子管に頼らざるをえませんでした。

この分野にブレークスルーを起こしたのが、1979年に富士通研究所の三村高志が発明した**HEMT**（High Electron Mobility Transistor）というトランジスタでした。

HEMTは数十GHzというマイクロ波帯から、100GHz近いミリ波帯の周波数まで使えるという超高周波トランジスタです。さらにHEMTは雑音が少ないことも大きな特長で、微少な信号を増幅する上できわめて有利なのです。

HEMTの基本的な構造はFETです。しかし従来のFETと比較すると、高周波特性や雑音特性を改善するための工夫が施されています。そのポイントは次の2点です。

(1) シリコンより電子移動度が高いガリウム・ヒ素（GaAs）を用いているため、結晶中を電子が高速で走行でき、高周波の信号にも対応できる
(2) 基板の中を「電子を発生する層」と「電子が走行する層」とに分け、電子が走行する層を使って電子を高速に走行できる

HEMTの基本構造を図5－26に示します。

HEMTはGaAsの基板上に、電子が走行する層（チャネル層）として不純物がない高純度のGaAs結晶を作ります。その上に電子を発生する層（電子発生層、電子供給層）としてn型のAlGaAs結晶をエピタキシャル成長により積み重ねています。

基板は不純物を含まないGaAs結晶でほぼ絶縁体です。HEMTのキャリアとなる電子は、n型不純物を含む電子発生層のAlGaAs結晶で発生します。

AlGaAs結晶は、AlもGaと同じⅢ族の元素なので、AlとGaを適当な比率で混ぜ合わせれば、GaAsと同じⅢ－Ⅴ族化合物半導体になります。混晶にすると結晶の電気的性質が少し変わり、バンドギャップの値はAlGaAsの方がGaAsよりも高くなります。

このバンドギャップ差を利用すると、AlGaAs層で発生した電子を、GaAs層側に集まるようにでき、電子は不純物を含まないGaAs層を

図 5-26 ● HEMT の基本的な構造

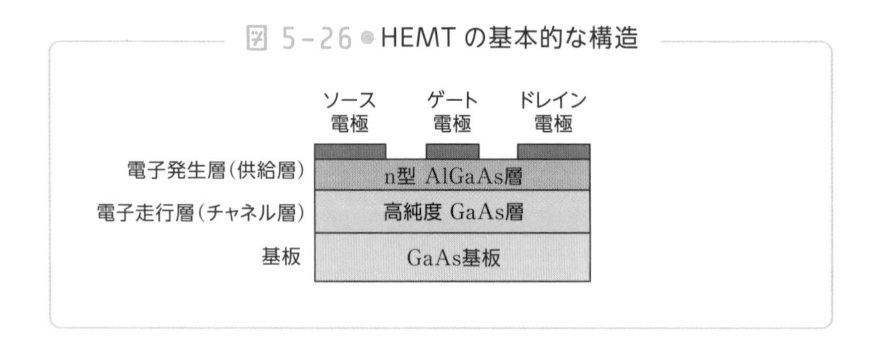

走行できるようになります。

図5−27にHEMTとMOSFETとの動作の違いを概念的に示しました。

図の左側がHEMTで、電子発生層で発生した電子は、下の電子走行層の中をソースからドレインに向けて移動します。電子走行層は、不純物が少ない高純度GaAs結晶です。この内では電子が不純物にぶつかることなく、高速で移動することができます。加えて、散乱に伴う雑音の発生も少ないのが特長です。

一方、図の右側に示したMOSFETは、電子の発生と走行が同じn型結晶内で行なわれます。だから電子が移動する時に結晶内の不純物に衝突して散乱し、移動速度の低下、雑音の発生につながります。

図 5−27 ● HEMTとMOSFETの違い

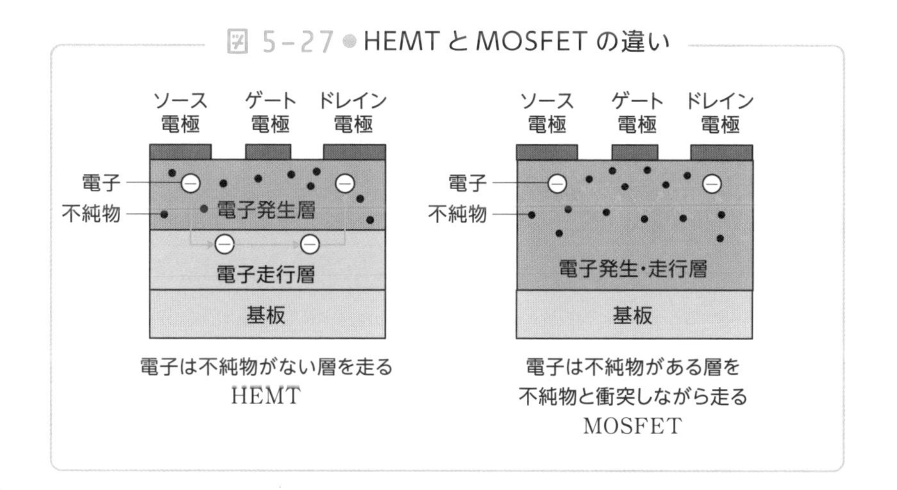

このように、**電子を作り出す層（n型AlGaAs層）と電子が走る層（高純度GaAs層）を分離するという巧妙なアイデアで、HEMTという画期的な超高速・低雑音トランジスタが実現されたわけです。**

HEMTの電子（キャリア）は超高速で移動できるので、従来のトランジスタの使用周波数が数GHz止まりだったのに対し、数十GHz以上という桁違いに高い周波数まで使えるようになりました。さらに雑音がきわめて少ないことも増幅器として重要です。

最初のHEMTの製品は、野辺山の宇宙電波望遠鏡に採用されました（1985年）。

電波望遠鏡は宇宙から到来するきわめて微弱な電波を受信するため、巨大なパラボラアンテナを用いています。その受信部にHEMT増幅器を設置して、微弱な電波を増幅するようにすれば、電波望遠鏡としての感度を著しく向上させることができます。

HEMTは77Kの液体窒素温度では常温より電子移動度が高くなり、常温で使用するよりも高性能（利得が大、雑音が小）の増幅器を実現できます。そこでこれを電波望遠鏡に使用して、宇宙からの電波を高感度で捉えられるようになりました。

身近なところで、12GHz帯の電波を使用する、家庭用の衛星放送受信用のパラボラアンテナにもHEMTの増幅器が使われています。

ここまでの説明では半導体にGaAsを用いていましたが、目的や用途に応じて異なる化合物半導体を利用することもできます。

最近注目されているのは窒化ガリウム（GaN）で、GaAsよりもバンドギャップが大きく高温動作が可能で、絶縁破壊電圧も高いのが特徴です。

ですのでGaNを使えば大出力・高電圧で使用できるHEMTが実現できます。電子移動度はGaAsに劣りますが、飽和電子速度はGaNの方が高いため高速動作の点でも問題はありません。

スマートフォンの高速化・大容量化に伴い、利用する電波の周波数は高くなっています。

第1、2世代では800MHz帯を使用していましたが、第3世代（3G）では2GHz帯、第4世代（4G）では3.5GHz帯、第5世代（5G）では

28GHz帯まで達しています。

このような高周波の電波を高出力で送信する基地局用のトランジスタにはGaN HEMTが適しています。GaN HEMTでも基本的な構造はGaAs HEMTと同じで、電子発生層にAlGaNを、電子走行層に高純度のGaNを用います。

ただし、**近年ではSi素子の高周波化も進んでいます。衛星などの特殊用途や大電力が必要な基地局用などの分野を除いて、高周波デバイスも安価なSi素子へ置き換えられつつあります。**

例えばSiトランジスタのベース部にGeを10%程度添加したSiGeヘテロ接合バイポーラトランジスタは、ベースのバンドギャップを小さくできます。それで薄いベースを実現して、高周波化を実現しています。

さらに、CMOSの微細化が進む中で、ゲート長が40nm程度以下のMOSFETはミリ波帯においても十分動作します。例えば76GHz帯というミリ波帯の高周波を扱う自動車用レーダー用途でも、CMOSで作られた製品が商品化されています。

産業機器を支えるパワー半導体

―― 高電圧で動作する半導体

ここで紹介する**パワー半導体とは、高電圧、大電流で、つまり高電力で扱うデバイスのことです。**使われる分野を図5−28に示します。

例えば、発電所から送られる送電線は、送電効率を高めるため数十万ボルトの超高電圧ですし、家庭に近い送電線でも6600Vと、十分高い電圧です。

図 5-28 ● パワー半導体の使われる用途

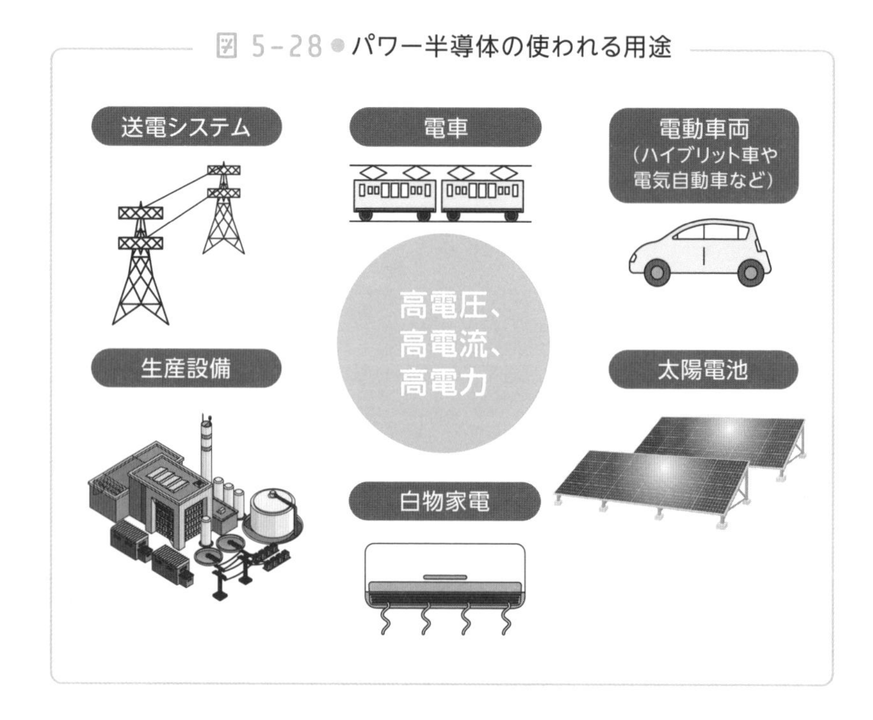

さらに、乗り物の駆動用のモーターは大電力が要求されるため、電気自動車だと600V程度で駆動されますし、それが電車になると1500Vや20000Vといった高電圧になります。

そんな高電力を扱うための半導体がパワー半導体なのです。

働きとしては、パワー半導体はアナログ的な動作をします。まず大電流、高電圧をオンオフするスイッチとして使われます。

それ以外では大電力において、図5−29に示すような交流を直流に変換するAC−DC変換、直流の電圧を変換するDC−DC変換でも使われます。

パワー半導体の場合、デジタル半導体や一般のアナログ半導体と求められる特性も少し変わってきます。

図 5-29 ● パワー半導体の役割（変換）

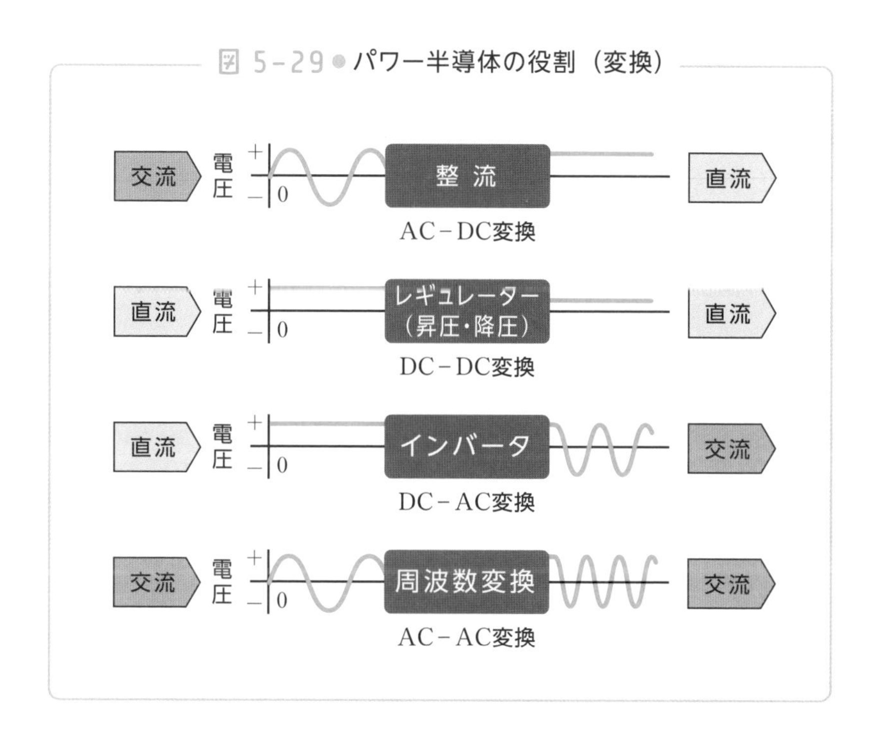

まず、高耐圧であることが大事です。当然、600Vを駆動するためには、600V以上の耐圧がなくてはいけません。

さらに、オン抵抗が少ないことも求められます。

例えばある素子に1Ωの寄生抵抗があるとして、5V、100mAで使うと、0.5Wになります。しかし、500V、10Aで使うとすると、これは5000Wになるわけですから、電力ロスも発熱も非常に大きいものになってしまいます。ですから、低抵抗化が重要なのです。

また、高電力で発熱も大きくなるため、放熱性も大事になってきます。

さらに、パワー半導体はAC−DC変換など、交流を扱うことも多いです。ですから、高周波動作が可能であることや寄生の容量が小さいことなども求められます。これは一般のアナログ半導体に求められる特性と同じです。

このようなパワー半導体には、2種類のアプローチがとられます。

1つは安価なシリコンデバイスの構造を工夫して、高電力でも使えるようにすることです。2つ目はGaNやSiCなどバンドギャップが大きく、高電圧を扱える材料に変えてしまうことです。

まず、1つ目のシリコンデバイスの構造を工夫したデバイスとして、図5−30に**パワーMOSFET**を示します。これは普通のMOSFETと似ているように見えますが、ゲートの横はソース端子でドレイン端子は裏面から引き出すようにしています。

この構造の場合、ドレインのn^-領域が広いので耐圧を高くできます。また、通常のMOSFETよりデバイスのサイズを大きくしやすく、低抵抗化にも貢献できるし、発熱への対応も容易です。

次に、図5－31（a）に**IGBT**（Insulated Gate Bipolar Transistor）を示します。これはバイポーラトランジスタのベース部に酸化膜をつけた形の構造になります。簡単にいうと、高耐圧・大電流のバイポーラトランジスタ、そして電圧駆動で高速動作ができるMOSFETの良いところをとったデバイスです。

同図（b）に動作時の回路図を示します。IGBTは、pnpトランジスタのベース電流をゲート電圧で制御するような動作をします。

図5－30● パワーMOSFETの構造

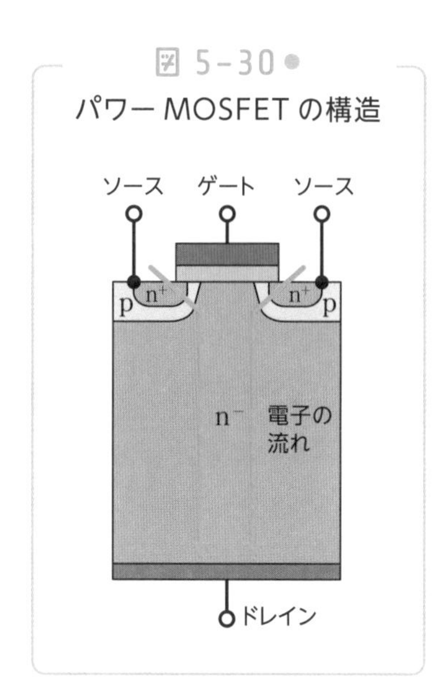

図5－31● IGBTの構造と等価回路

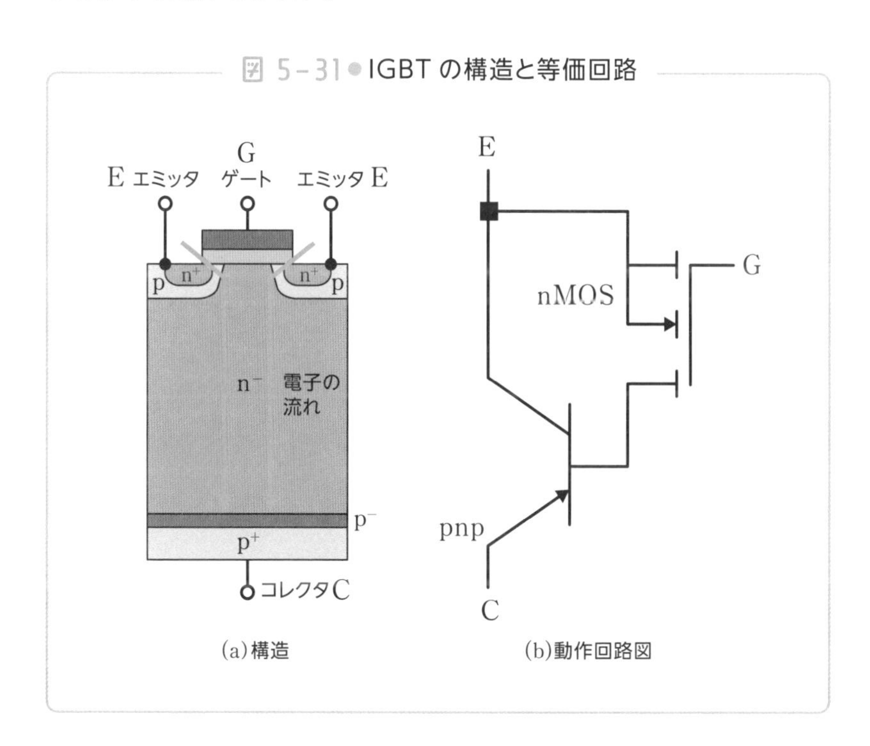

(a)構造 (b)動作回路図

2つ目のアプローチは5－5節と5－6節で紹介したGaNや1－7節で紹介したダイヤモンドやSiCなど、バンドギャップの大きい材料を使うことです。この中でダイヤモンドは究極の半導体といわれながら、まだ実用化はされていません。一方、SiCやGaNデバイスは実際に世の中で使われ始めています。

この場合、バンドギャップや電子移動度（高速性）、放熱特性がシリコンより優れている材料を使うので、簡単に高性能なパワー半導体を実現することができます。

しかしながら、材料や製造にコストがかかることが最大の難点です。低コスト化も含めた、今後の開発に期待が寄せられています。

せみこんの窓

光のエネルギー

光（一般には電磁波）は波であると同時に粒子としての性質も持っています。光の粒子は**光子**（**フォトン**：Photon）と呼ばれ、素粒子の1種でもあります。

光子のエネルギーEは、下のように表わされます。

$$E = h\nu = hc/\lambda \qquad (1)$$

ここに、h：プランク定数（6.6261×10^{-34}［J・s（ジュール・秒）］）

c：光速（2.9979×10^{8}［m/s］）

ν：（1秒当たりの）振動数　　λ：波長（［m］）

この式からもわかるように、振動数（電波の周波数と同じ）が高い光ほど、言い換えれば波長の短い光ほど、エネルギーが高いことになります。

式（1）に示した数値を代入すると、エネルギーEの単位は「J（ジュール）」になります。

ただ半導体の分野では、エネルギー・バンドギャップの値などは「電子ボルト（eV）」というエネルギー単位がよく使われます。これは、1Vの電圧で、電子1個が加速されて得られるエネルギーです。

$$1\ [\mathrm{eV}] = 1.6022 \times 10^{-19}\ [\mathrm{J}] \qquad (2)$$

ですので、これらの値を代入して式（1）の単位を［eV］で表わすと、

$$E = (6.6261 \times 10^{-34} \times 2.9979 \times 10^{8}) / 1.6022 \times 10^{-19} \cdot \lambda$$

$$= 1.2398 \times 10^{-6} / \lambda\ [\mathrm{eV}] \qquad (3)$$

となります。

式（3）では波長λの単位は「m（メートル）」ですが、光の場

合は「nm（ナノメートル)」がよく使われます。そこでλの単位を[nm]で表わすと、$1\text{nm} = 10^{-9}\text{m}$なので、式（3）は

$$E = 1.2398 \times 10^3 / \lambda = 1239.8 / \lambda \ [\text{eV}] \fallingdotseq 1240 / \lambda \ [\text{eV}] \quad (4)$$

となります。

この関係を図に示したのが図5－Aです。

この図からもわかるように、波長の短い光ほどエネルギーが高いことになります。

図 5－A ● 光の波長とエネルギーの関係

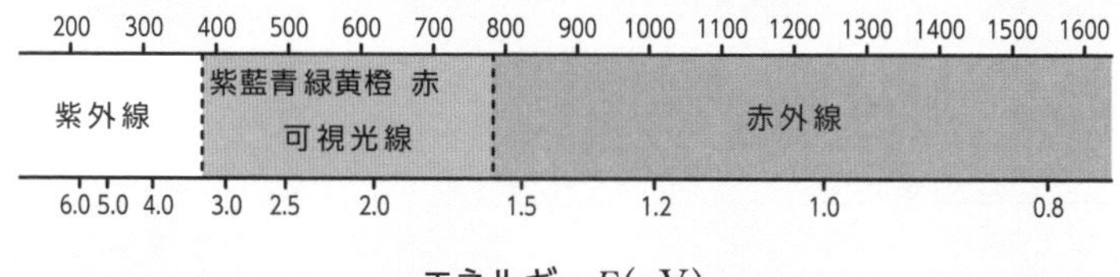

索　引

数字・ABC順

2進数……109
AND……116
ArFエキシマレーザ……98
ASSP……17
CCD……204
CMOS……111
CMOSイメージセンサー……204
CPU……15, 124
DFBレーザー……199
DRAM……143, 147
EDA……18
EUV光……98
FinFET……132
FP……199
GaAs……53
GaN……187
g線……98
HEMT……207
IC……121
ICチップ……17
IGBT……215
IP……134
i線……98
KrFエキシマレーザ……98
Laser……196
LED……16, 56
LSI……17, 121
MOSFET……86
NAND型……164
nMOS……92
NOR型……164
NOT……116
n型半導体……42
OR……116
pMOS……92
pn接合……46
pn接合ダイオード……46
p型半導体……43
RAM……143
ROM……143
RTL……134
SiC……52
SRAM……143, 155
VLSI……121
V_{th}……89
ZnSe……54

あ　行

アンチモン……42
アンプ……16
イオン注入法……103
異種……189
イメージセンサー……203
インゴット……33
ウェーハ……34
ウェル……113
エピタキシャル成長……80
エミッタ領域……66

か　行

カーボンナノチューブ……50
拡散法……74
化合物半導体……53
価電子……58
起電力……178
揮発性メモリ……144
逆バイアス……48
逆方向……22
キャパシタ……144
キャリア……41
共有結合……37
強誘電体メモリ……169
キルビー特許……122
空乏層……178
クリーンルーム……173
ゲート……87

ゲルマニウム……32, 35
原子核……57
原子番号……57
検波器……22
光子……217
格子定数……80, 191
鉱石検波器……22
黒鉛……50
コヒーレント光……196
個片半導体……16
コレクタ領域……66
コントロールゲート……161

さ 行

再結合……178
しきい値電圧……89
磁気抵抗メモリ……169
自由電子……30
順バイアス……48
順方向……22
ショット……98
シリコン……27, 32, 35
シリコンウェーハ……18
真空管……60
真空蒸着法……101
スキャナ……98
スズ……36
スタックセル……152
ステッパ……97
スパッタリング法……101
正孔……39
整流特性……22
絶縁体……28
接合……46
接合型トランジスタ……65
セレン……31
選択拡散……75
選択拡散法……99
ソース……87
相変化メモリ……169
素子……22

た 行

ダイオード……46
ダイヤモンド……50
ダイヤモンド構造……39
太陽電池……176
ダブルヘテロ接合……188
炭化ケイ素……31
タングステン……27
炭素……50
チップ……34
チャネル……89
超高純度……32
チョクラルスキー法……33
抵抗変化メモリ……169
抵抗率……28
ディスクリート半導体……16
デジタル半導体……15
デバイス……22
電界効果トランジスタ……86
電気伝導率……28
電子……57
電子殻……57
同素体……50
導体……28
ドーピング……42
ドレイン……87
トレンチセル……152
トンネル効果……104
トンネルダイオード……105

は 行

バイポーラトランジスタ……86
パッケージ……19
発光ダイオード……56, 184
パルス……24
パワーMOSFET……214
パワートランジスタ……79

パワー半導体……212
搬送波……24
半導体……16
半導体レーザー……56
バンドギャップ……40
光共振器……197
光の吸収係数……182
ヒ素……42
ビット……142
ビット線……147
ブール代数……116
フォトダイオード……203
フォトマスク……95
フォトリソグラフィー……18, 94
フォトレジスト……95
フォトン……217
不揮発性メモリ……144
不純物……30, 42
負性抵抗……104
フッ酸……95
フラーレン……50
フラッシュメモリ……145, 159
フリップフロップ……144
プレーナ型……84
フローティングゲート……159
プロセッサ……15
ベース領域……66
ヘテロ……189
変調……24
方鉛鉱……22
ホール……39
ホール効果……56
ホモ接合……188

ま 行

マイクロ波……25
マイコン……15
ムーアの法則……129
メサ型トランジスタ……75
メモリ……17
メモリセル……142

や 行

誘導放出……197

ら 行

リフレッシュ……144, 150
硫化銀……29
リン……42
レーザー……196, 199
レーザーダイオード……196
レーダー……24
ローパスフィルター……24
論理積……116
論理否定……116
論理和……116

わ 行

ワード線……147

著者紹介

井上 伸雄（いのうえ・のぶお）

1936年福岡市生まれ。1959年名古屋大学工学部電気工学科卒業。同年日本電信電話公社（現NTT）入社。電気通信研究所にてデジタル伝送、デジタルネットワークの研究開発に従事。1989年多摩大学教授。同大学名誉教授。工学博士。
電気通信研究所では、わが国最初のデジタル伝送方式の実用化に取り組み、それ以降、高速デジタル伝送方式やデジタルネットワークの研究開発に従事するなど、日本のデジタル通信の始まりから25年以上にわたり、一貫してデジタル通信技術の研究に取り組んできた。
NTTを辞めた1989年ごろから、日経コミュニケーション誌（日経BP社）にネットワーク講座の連載を執筆したのをきっかけに、通信技術をやさしく解説した本を書くようになった。これまでに執筆した主な著書は、『情報通信早わかり講座』（共著、日経BP社）、『通信＆ネットワークがわかる事典』『通信のしくみ』『通信の最新常識』『図解　通信技術のすべて』（以上、日本実業出版社）、『基礎からの通信ネットワーク』（オプトロニクス社）、『「通信」のキホン』『「電波」のキホン』『カラー図解でわかる通信のしくみ』（以上、ソフトバンククリエイティブ）、『図解　スマートフォンのしくみ』（PHP研究所）、『モバイル通信のしくみと技術がわかる本』（アニモ出版）、『通読できてよくわかる電気のしくみ』『情報通信技術はどのように発達してきたのか』『「電波と光」のことが一冊でまるごとわかる』（以上、ベレ出版）など多数。
趣味は海外旅行（70回にわたり訪れた国は40ヵ国以上）と東京六大学野球観戦。昭和20年秋の早慶戦以来、ほぼ毎シーズン神宮球場に足を運んだオールド・ワセダ・ファン。

蔵本 貴文（くらもと・たかふみ）

香川県丸亀市出身、1978年1月生まれ。関西学院大学理学部物理学科を卒業後、先端物理の実践と勉強の場を求め、大手半導体企業に就職。現在は微積分や三角関数、複素数などを駆使して、半導体素子の特性を数式で表現するモデリングという業務を専門に行なっている。
さらに複業として、現役エンジニアのライター、エンジニアライターとしての一面も持つ。サイエンス・テクノロジーを中心とした書籍の執筆（自著）、ビジネス書や実用書のブックライティング（書籍の執筆協力）、電子書籍の編集・プロデュースなど書籍中心に活動している。
著書に『意味と構造がわかる　はじめての微分積分』『役に立ち、美しい　はじめての虚数』（ベレ出版）、『数学大百科事典 仕事で使う公式・定理・ルール127』（翔泳社）、『解析学図鑑：微分・積分から微分方程式・数値解析まで』（オーム社）、『学校では教えてくれない!これ1冊で高校数学のホントの使い方がわかる本 』（秀和システム）がある。

◉── ブックデザイン・DTP　三枝 未央
◉── 編集協力　田中 大次郎

「半導体」のことが一冊でまるごとわかる

2021年 11月25日 初版発行
2024年 3月31日 第7刷発行

著者	井上 伸雄／蔵本 貴文
発行者	内田 真介
発行・発売	ベレ出版 〒162-0832 東京都新宿区岩戸町12 レベッカビル TEL.03-5225-4790 FAX.03-5225-4795 ホームページ https://www.beret.co.jp/
印刷	モリモト印刷株式会社
製本	根本製本株式会社

ISBN 978-4-86064-671-4 C0054　編集担当 坂東一郎